图 1-1　黑木耳

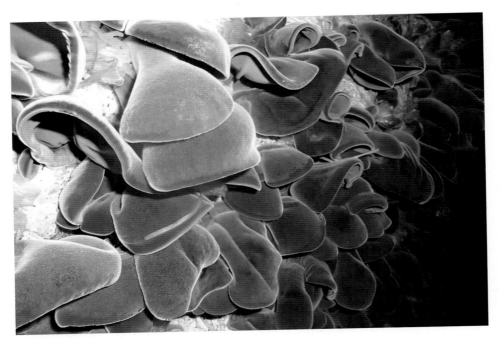

图 1-2　毛木耳

图 1-3　玉木耳

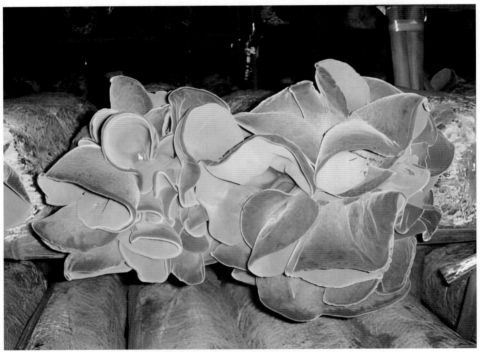

图1-4 褐黄木耳

图 1-5　皱极木耳

图 1-6　皱木耳

图 1-7　木耳的段木栽培

图 2-1　木耳病虫害

图 2-2　木耳病害

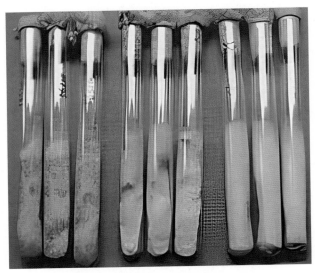

图 2-3 杂菌污染菌种

图 2-4 木耳病虫害物理防治设备

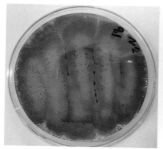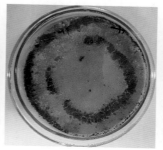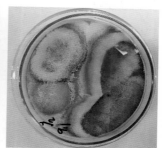

图 3-2　木霉菌落形态

图 3-3　被木霉危害的木耳子实体和菌棒

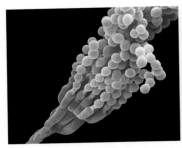

图 3-4　青霉菌株形态

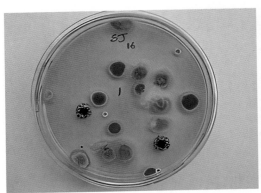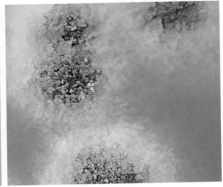

图 3-5　青霉菌落形态

图 3-6　青霉污染的袋料

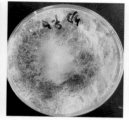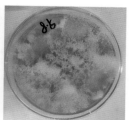

图 3-7 链孢霉菌落形态

图 3-8 链孢霉菌丝体示意

图 3-9 被链孢霉污染的菌袋

图 3-10 链孢霉侵染袋料

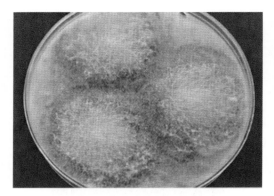

图 3-11　毛霉菌丝及菌落

图 3-12　被毛霉侵染的袋料及覆土上的毛霉

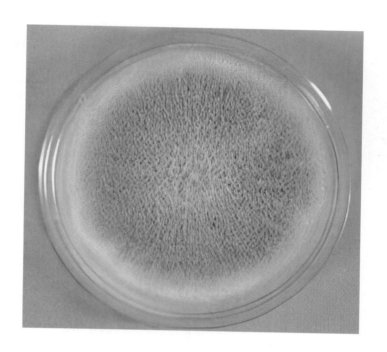

图 3-13 曲霉的菌落及孢子

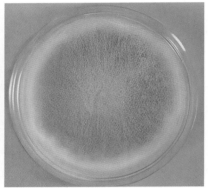

图 3-14　黑曲霉与黄曲霉菌落

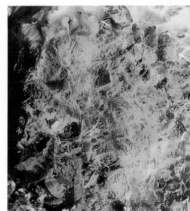

图 3-15　被曲霉侵染的袋料

图 3-16　黄孢原毛平革菌及受其侵染的菌袋

图 3-17　被根霉侵染的菌袋

图 3-19　黑木耳黑疔病

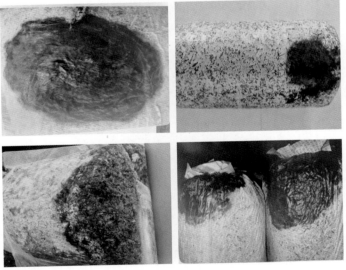

图 3-20　毛木耳油疱病

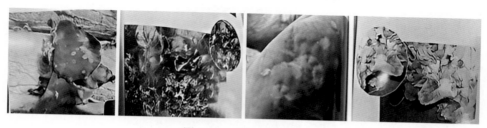

图 3-21　毛木耳蛛网病

图 3-22　枝匍霉菌落形态和菌株模式图

图 3-24　黑木耳白毛病

图 3-26　毛木耳黏菌病

图 3-27 黑木耳青苔病

图 3-28　核桃肉状菌病

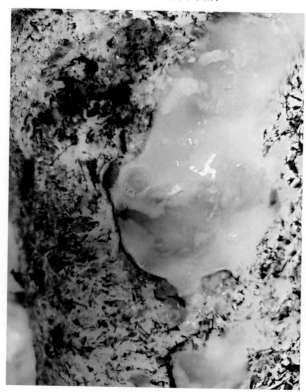

图 3-29　黄水病

图 3-30　流耳病

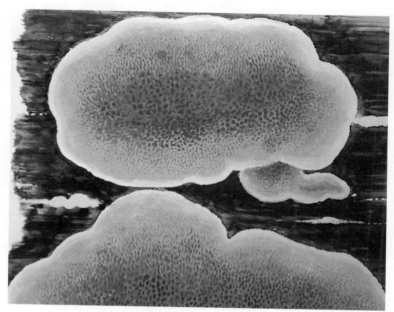

图 3-31　干朽菌

图 3-32　彩绒革盖菌及被污染的段木

图 3-33　朱红云芝菌

图 3-34　革　耳

图 3-35　褐轮韧革菌

图 3-36　牛皮箍

图 3-37　畸形耳

图 4-1　尘眼菌蚊的卵、幼虫及成虫

幼虫　　　　　　雌虫　　　　　　雄虫　　　　　　蛹

图 4-2　多菌蚊的幼虫、雌虫、雄虫及蛹

图 4-3　多菌蚊侵害的蘑菇

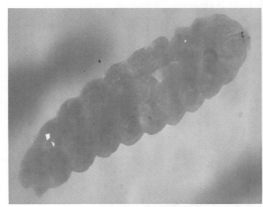 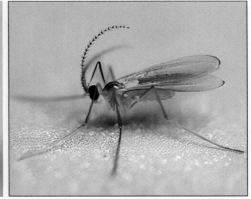

图 4-4　瘿蚊幼虫和成虫

图 4-5　果蝇的卵、幼虫及成虫

图 4-6　被果蝇侵害的蘑菇

图 4-7 螨

图 4-8 不同的螨虫

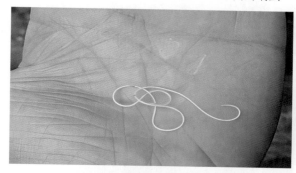

图 4-9 线 虫

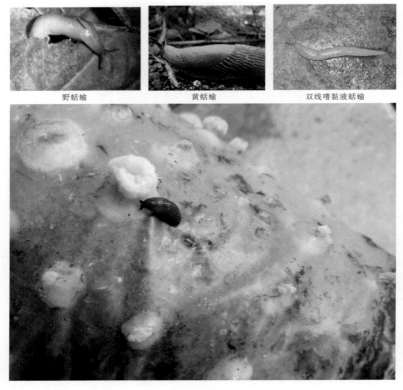

野蛞蝓　　　　　　　黄蛞蝓　　　　　双线嗜黏液蛞蝓

图 4-10　蛞　蝓

图 5-1　木耳的加工

MUER BINGCHONGHAI JI ANQUAN FANGZHI

木耳病虫害及安全防治

▶▶▶▶▶▶ 党 辉 张宝善 张海生 编著

中国农业出版社
农村读物出版社
北 京

内 容 简 介

　　木耳营养丰富、味道鲜美，在中国已成为广泛栽培的第二大种类食用菌。随着木耳种植从段木栽培走向复合配料栽培，从传统的农户种植到大规模工厂化生产，它已成为乡村振兴、农户致富的重要经济作物。但是，木耳种植过程中会有各类病害、虫害发生，严重危害木耳的正常生长，造成耳农经济损失，增加了木耳产品的不安全性。

　　本书结合生产，较系统地对木耳病虫害发生的病原、病虫害症状、污染途径及防治措施进行了介绍。全书共分5章，内容分别为木耳概述、木耳病虫害防治原则及其方法、木耳常见病害及其防治、木耳常见虫害的防治及木耳质量安全问题及防控措施。本书可供食用菌生产者或科研人员参考使用，也可作为各类高等院校相关专业教材使用。

前　言

　　食用菌是指能形成肉质（或胶质）子实体或菌核类组织，并能供人们食用或药用的一类大型真菌。食用菌产业具有循环、高效、生态的特点，能有效促进农民增收、农业增效。近几十年来中国食用菌产业异军突起，中国在食用菌新品种栽培、产品产量和出口量等方面都成为世界上当之无愧的"超级大国"。食用菌产业已成为继粮食、油料、果品和蔬菜之后的第五大种植产业。

　　木耳为我国食用菌类第二大品种，2019 年产量达 701.81 万吨。木耳生产投资少、见效快、收益好，栽培木耳是广大农民及其相关产业涉及者生财致富的重要门路。

　　近年来代料栽培木耳等现代化技术发展尤为迅速，该产业对促进地方经济起到了很重要的作用。但是木耳在种植和加工过程中易受病虫害的侵袭和污染，这已成为木耳生产发展的"瓶颈"，严重危害了木耳产业的持续发展。为此，笔者团队在承担科技部"十三五"重点研发计划"秦巴山区食用菌病害发生规律及控制技术研究"和"农业农村部农产品质量安全风险评估项目——地栽模式下黑木耳产品中草甘膦残留风险评估"等与木耳病害污染相关的国家和省部级科研项目基础上编制了《木耳病虫害及安全防治》，希望能够为木耳病虫害的综合防治提供科学依据，助力产业发展，为乡村振兴、农民致富贡献力量。

　　本书在编写过程中得到了众多专家的鼎力支持和多方指导。柞水县科技开发中心陆博、陕西中博农业科技发展有限公司赵时荆、柞水县金鑫菌业发展有限公司柯贤根和安康市农业综合执法支队刘继瑞等为本书提供了木耳生产和部分被病害污染的木耳及菌棒的实物、照片和其他诸多帮助；陕西师范大学赵育副教授、韦露莎博士以及研究生孔倩倩、雷钰、刘馨雨等搜集和整理了国内外木耳方面的相关研究成果，并对全文进行了校对；本书还得到了陕西师范大学新工科研究与实践项目的资助，在此一并致以衷心的感谢！

　　限于编者学识和学术水平，加之资料搜集与整合亦可能存在疏漏，本书难免存在纰漏和不足之处，敬请读者批评指正。

编　者

2022.11

目 录

第一章
木 耳 概 述

第一节　木耳简介

木耳属真菌（*Auricularia* Bull. ex Juss）属于担子菌门（Basidiomycota）、伞菌纲（Agaricomycetes）、木耳目（Auriculariales）、木耳科（Auriculariaceae），该类真菌大部分种类都生长在阔叶树死树、枯树、倒木、枯枝或腐烂木上，少数种类也生长在针叶树上，属于木材腐朽菌的一个重要类群，在森林生态系统中发挥重要的降解还原作用。木耳属真菌不但具有重要的食用价值，而且具有多种药用功能，其中黑木耳和毛木耳都是我国主要的栽培品种，在中国有1 300多年的栽培历史，如黑木耳的段木栽培方法最早记载于《唐本草注》中："桑、槐、楮、榆、柳，此为五木耳……煮浆粥安诸木上，以草覆之，即生蕈尔。"该书不仅描述了对常见耳树的认识，而且还介绍了接种、覆草遮阳，以及保温保湿的栽培管理措施，是人类第一次系统描述黑木耳的人工段木栽培。中华人民共和国成立后，我国科技工作者研制黑木耳担孢子液喷洒接种方法获得成功，使黑木耳生产由自然接种阶段发展到人工接种阶段，生产方法也有所改进，发明了段木打穴接种法。随着黑木耳生产规模的迅速扩大，现在已经发展成用代料栽培生产，该方法同样也广泛应用在毛木耳栽培中，2020年全国黑木耳和毛木耳产量已经达到704.6万吨（鲜），产值可达480亿元。木耳的药用价值研究需要追溯至明朝时期，李时珍的《本草纲目》就有所记载，现代的研究也表明木耳成分中多糖类物质如D-木糖、D-葡萄糖和D-葡萄糖醇酸等不同化学结构和不同构象的多糖具有不同的生理活性，对人体具有抗凝血、抗肿瘤、抗高脂血症、抗衰老、抗疲劳及提高机体免疫力等功效。

一、中国主要栽培的木耳

据报道，中国的木耳种类共有 16 个种和 1 个变种，如下所示：

（1）黑木耳 *Auricularia heimuer* F. Wu，B. K. Cui & Y. C. Dai

（2）角质木耳 *Auricularia cornea*

（3）皱木耳 *Auricularia delicata*（Fr.）Henn

（4）象牙白木耳 *Auricularia eburnea*

（5）褐黄木耳 *Auricularia fuslosuccinea*

（6）海南木耳 *Auricularia hainanensis*

（7）大毛木耳 *Auricularia hispida*

（8）毡盖木耳 *Auricularia mesenterica*

（9）黑皱木耳 *Auricularia moellerii*

（10）美丽木耳 *Auricularia ornata*

（11）盾形木耳 *Auricularia peltata*

（12）毛木耳 *Auricularia polytricha*

（13）毛木耳银白色变种 *Auricularia polytricha* var. *argentea*

（14）网脉木耳 *Auricularia reticulata*

（15）皱极木耳 *Auricularia rugosissima*

（16）薄木耳 *Auricularia tenuis*

（17）西沙木耳 *Auricularia xishaensis*

木耳在中国主要的栽培种类有：

1. 黑木耳 黑木耳（*Auricularia heimuer* F. Wu，B. K. Cui & Y. C. Dai）又名黑菜、木耳、云耳，我国古文献中称之为木枞、树鸡、木蛾、木栭等，属担子菌门、伞菌纲、木耳目、木耳科、木耳属，是高等担子菌的一个重要类群，为珍贵的药食兼用胶质真菌，也是世界上公认的保健食品（图 1-1）。我国是黑木耳的故乡，中华民族早在 4 000 多年前便认识、开发了黑木耳，并开始栽培、食用。《礼记》中有关于帝王宴会上食用黑木耳的记载。黑木耳曾作为一种清肺保健品发放给在多灰尘场所工作的纺织和矿山工人，加之近几年营养专家和业内学者对其"清理身体"功能的宣传和普及，使得大众对黑木耳的认知度普遍提高，对黑木耳的消费越来越主动。

由于黑木耳具有耐寒、对温度反应敏感的特性，故多分布在北半球温带地区，主要是亚洲的中国、日本等国，其中以我国产量为最高。在我国，黑龙江、吉林、湖北、云南、四川、贵州、湖南、广西等多个省（自治区）都有人工栽培及天然的黑木耳生长。

图 1-1　黑木耳

黑木耳是由菌丝体和子实体两部分组成的，菌丝体在显微观察下透明纤细、横纵交错、粗细不一，用刚果红染色后可以看到中间带有隔膜锁状联合的小凸起。肉眼观察菌落呈白色，能看到明显的细长菌丝，生长具有一定方向性，长势整齐一致。菌丝久置后易产生色素。子实体为胶质，初期呈颗粒状小黑球或长条锯齿状黑色物，逐渐生长伸展呈耳状、菊花状、杯状、单生或簇生。鲜状子实体一般为褐色或黑色，背部有少许茸毛，腹部洁净光滑或略有皱褶，完全成熟的子实体腹部表面会产生许多白色孢子。

2. 毛木耳　毛木耳（*Auricularia polytricha*）隶属于担子菌门、伞菇纲、木耳目、木耳科、木耳属。它是我国分布最广泛和最常见的木耳种类之一，也是目前南方重要的栽培食用菌之一，2015 年产量达 183 万吨，为我国食用菌产量第 6 位。

毛木耳子实体为胶质，初期呈杯状，逐渐生长至耳状，若生长时间过长则耳片展开至近平展，且形状不规则（图 1-2）。毛木耳耳片厚，无异味；鲜时棕褐色至黑褐色，干后子实体收缩成不规则形状、质地变硬，浸水后可恢复鲜时形态。毛木耳不孕面有无色的长茸毛，茸毛基部呈褐色；子实层呈紫红色，干后近黑色，表面光滑。毛木耳有明显的基部，基部附近有少许褶皱，除基部外罕有褶皱。菌丝隔膜处有简单分隔或锁状联合。子实体内菌丝无色，薄壁，平直或弯曲，有锁状联合，常分枝，规则或疏松交织排列。子实层中无囊状体或拟囊状体；担子为长棍棒状，具 3 个横向简单分隔和 4 个向侧上方生长的

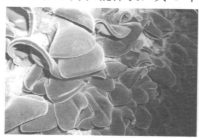

图 1-2　毛木耳

担孢子小梗。拟担子的形状与担子相似，但略小。担孢子为腊肠形，无色，薄壁，平滑，通常有一到数个液泡。将毛木耳子实体横切，其切面可分为：茸毛层、致密层、亚致密上层、疏松上层、髓层、疏松下层、亚致密下层和子实层。

3. 角质木耳 角质木耳（*Auricularia cornea*）是中国最近栽培成功的木耳品种，而且被证明具有抗肿瘤等特性。该种的子实体为白色，与正常的毛木耳颜色完全不同。戴玉成等人在野外发现毛木耳的同一号标本能产生黑色和白色两种子实体，且分子序列几乎完全一致。对栽培的角质木耳样品进行了分子系统学研究后，发现它们与毛木耳在系统发育上归属同一枝系。因此，玉木耳实际为毛木耳的一个"白化体"（图1-3）。

图1-3　角质木耳

玉木耳子实体为胶质，初期为耳状或盘状，耳片边缘呈弧形，长大后边缘呈波浪形。耳片厚，无异味，鲜时耳片呈乳白色至纯白色，不孕面有无色的长茸毛，子实层面光滑，子实体略透明。干后子实体收缩，呈不规则的形状，质地变硬，不孕面浅黄白色，具白色短茸毛，褶状脉少至中等，子实层面淡黄色。子实体无褶皱，基部较短。担子为梭形，孢子为腊肠形，孢子印白色。将玉木耳子实体横切，切面结构与毛木耳子实体切面结构相同，但隔层厚度略有差异。

4. 褐黄木耳 褐黄木耳（*Auricularia fuslosuccinea*），又叫黄背木耳，属于毛木耳，是其中商品质量最好的一种；在分类上隶属于担子门、伞菌纲、木耳目、木耳科、木耳属。褐黄木耳耳片厚而柔软，在四川省栽培量大，是四川老百姓餐桌上经常出现的菌类之一（图1-4）。

褐黄木耳耳片大，直径一般为5～15厘米，最大的可达到35厘米以上。腹面光滑，棱脊的有无因品种而异，紫红色或褐红色。背面为茸毛层，茸毛浓密，颜色有白色、灰白色、褐色等；耳片干后，腹面变成黑色或红褐色，茸毛

图 1-4　褐黄木耳

层为褐色或灰白色。黄背木耳的子实体单生或群生，初期为杯状，后渐变为耳状或叶片状。

　　野生黄背木耳一般生长在腐木上。常见于夏季至秋季生长的构树、青杠、石栗、悬铃木、千年桐、乌桕、杨树、柳树、羊蹄甲、榕树等多种阔叶树的枯木上或朽木处。在国外主要分布在热带的美洲、非洲、澳大利亚、太平洋群岛以及亚热带地区。国内各地也均有栽培，但主要分布在四川和河南。

　　5. 皱极木耳　皱极木耳（*Auricularia rugosissima*），又名褐毡木耳、蛤蚧菌（广西龙州），属于木耳目、木耳科、木耳属。皱极木耳外形特征极似革菌，子实体平伏并反卷，有时全部平伏，往往左右相连松软，有茸毛和同心环纹，可可色至咖啡色。老后渐变光滑，并褪至淡炭色。子实层有辐射状皱褶，栗褐色至灰黑色，边缘肉桂色至深肉桂色，由近无色、直径 2～3 微米的菌丝组成。毛长、褐色、粗 3.5～4.5 微米。互相交织形成厚达 1 毫米的非胶质层。担子圆柱形，近棒状（图 1-5）。

图 1-5　皱极木耳

　　皱极木耳夏秋季生于栎、樟等阔叶树木桩及倒腐木上。在我国主要分布于吉林、内蒙古、河北、河南、山西、江西、广东、广西、福建、海南、甘肃、安徽、江苏、湖南、四川、贵州等。

　　6. 皱木耳　皱木耳（*Auricularia delicata*），又叫脆木耳、多皱木耳、纲木耳、粗木耳、朱木耳、网纹木耳、砂耳等，属木耳目、木耳科、木耳属（图 1-6）。子实体胶质，耳形或圆盘形，较小无柄，着生于枯木上，直径（1.5～7）微米×（1～4）微米。子实层生里面，淡红褐色，有白色粉末，有明显皱褶并形成网格；外面稍皱，红褐色。孢子透明无色，光滑，圆筒形，弯曲，（10～13）微米×（5～6）微米，担子圆柱形。

图 1-6　皱木耳

野生皱木耳多生长于赤杨、千年桐等阔叶树枯腐木上，群生，系热带种。在我国多见于南岭以南地区，主要分布于福建、海南、台湾、广西、贵州、西藏等地。

二、影响木耳生长的环境因素

1. 光照　木耳各个发育阶段对光照有不同的要求。当木耳菌丝处于营养生长阶段时，无论是在微弱的散射光还是黑暗条件下都可正常生长；生殖生长时需要大量的散射光和一定的直射光；而在子实体生长时则需要充足的直射光，而且只有光照强度在 20 000 勒克斯以上才可以生长出色黑肉厚的木耳子实体。如果光照微弱，那么木耳耳片会很薄，颜色黄褐，质量、产量低下。因此，在保证黑木耳生长的湿度条件的前提下，黑木耳子实体生长最优的光照条件是全光照。

2. 温度　木耳属于中低温型的菌类，孢子在 18～32℃ 都可以正常萌发，以 30℃ 最为适宜；菌丝在 5～35℃ 范围内均可生长，以 18～32℃ 为适宜。温度低于 5℃、高于 38℃ 菌丝生长均会受到抑制。高温对木耳菌丝的危害比低温要大，低温下菌丝只是停止生长，温度升高后即可恢复生长；而高温对菌丝的影响是不可逆的，菌丝生长期间若遇到 40℃ 以上的高温，则菌棒后期感染杂菌严重，甚至会不再出耳。遇 45℃ 以上的高温超两个小时，菌丝将被烧死，不再生长和出耳。

木耳子实体生长期间所需要的温度低于菌丝生长期，菌丝在 $15\sim30℃$ 均可转化为子实体，子实体生长的最适温度为 $15\sim28℃$。在适宜的温度范围内，偏低的温度下，木耳的子实体生长较慢，颜色较深，厚度增加，有利于获得高产优质的黑木耳。若温度超过 30℃，则长成的木耳耳片发黄、肉薄，口感和质量都很差。如连续多天高温高湿，则木耳极容易发生流耳，菌包感染霉菌的概率也大大增加。

3. 空气　木耳是好氧型的真菌，二氧化碳浓度超过 1％时，木耳的菌丝就会受到抑制，木耳耳片会成畸形，耳片边缘成锯齿状，往往不能开片。二氧化碳浓度超过 5％，木耳子实体将会受到毒害。因此在整个生长过程中要保持耳场的空气流通。制作栽培袋时，栽培料的含水量不要过高，否则菌丝容易缺氧。

4. 水分和湿度　木耳的生长发育过程中需要的水分绝大部分来自栽培料，这要求木耳的栽培料的含水量为 $60％\sim65％$，栽培料的加水量也要考虑木屑的种类和颗粒粗细。生产中木耳在萌发和生长阶段还需要外界有一定的湿度，木耳耳芽萌发时需要外界的湿度保持在 90％以上，低于 80％的湿度或者干湿不均匀会导致耳芽萌发得不整齐，造成减产。子实体生长的中后期，要求外界环境干湿交替、干干湿湿，干时养菌，湿时耳片生长。对于自然条件下的木耳，最适宜生长的天气也是干湿交替、晴晴雨雨。连阴雨和长期无雨对黑木耳的生长都是不利的。

三、木耳的栽培模式

木耳的人工种植始于唐代，至今已经有 1 000 多年。早期主要以段木栽培为主，主要产区在东北、河南、四川、湖北等有耳树的山区。其段木栽培的工艺流程主要包含选场→砍伐耳树→截段→架晒→人工接种→起架→出耳管理→采收等（图 1-7）。

孟维洋等人在木耳的段木栽培技术上做了一定改进，对选木、消毒、打眼接菌、发菌及出耳管理都做了详细的介绍。20 世纪 80 年代代料栽培得到普及，木耳生产区没有了严格的限制，栽培面积遍布全国 20 多个省。刘雯根据当地干燥多风的气候条件研究出了木耳地沟吊袋栽培技术，将菌袋用尼龙绳悬挂于地沟中进行栽培管理，由于地沟中的湿度和温度容易保持和调控，有利于耳片生长。2008 年李楠等针对目前木耳生产管理中存在的一些问题，结合当地的气候特点，对木耳的栽培技术进行研究和改进，最终找出适合吉林东部地区的栽培模式，即全光照地摆并搭配间歇式喷灌供水，并且得出吉林地区最适宜的栽培时间为 4 月下旬至 5 月上旬。全日光喷雾栽培模式是现在推广应用最广泛的栽培模式。2013 年王崇林等总结东宁县（现东宁市）越冬木耳栽培技术，包括栽培时间、打孔方式、催芽方式、出耳管理、水分管理、室外越冬管

图 1-7　木耳的段木栽培

理等方面的内容。将木耳的制棒和发菌放到条件适宜的秋季，节省了早春发菌增温的煤炭开支，使菌棒污染率降低、种植效益大大提升。2016 年刘敏等研究了木耳大棚挂袋栽培模式，在挂袋栽培时间的选择、挂袋木耳的原料配方、栽培场地的选择、棚架设施的建造、开口方式和密度、挂袋的密度等方面做了详细的介绍。木耳挂袋栽培是木耳种植的发展方向，其单位面积产量是地栽木耳的 5～6 倍，并且由于挂袋木耳菌棒离开了地面，避免了泥沙、杂草、害虫以及除草剂和杀虫剂的残留，品质大大提升，价格更高，种植效益更好。其比地栽春耳提前一个月采收，比地栽秋耳延后一个月采收。

第二节　木耳的营养与功能

1. 木耳的营养　木耳是世界四大食用菌（平菇、双孢蘑菇、香菇、木耳）之一，是北半球温带地区特有的真菌，是典型的药食兼用菌，被营养学家称为

"素中之荤"，其蛋白质含量堪比肉类，有清肺和顺肠之功效、防癌之能力，可增强机体免疫力。木耳中含有蛋白质、膳食纤维、多糖、氨基酸、黑色素、黄酮、多酚以及铁、锌、钙、锰等48种常量和微量元素。木耳中富含蛋白质，含量为每100克干料10.0～16.2克，木耳蛋白质中含有16种氨基酸，人体必需的8种必需氨基酸种类齐全，其中苏氨酸、蛋氨酸、苯丙氨酸含量较高，必需氨基酸含量与总氨基酸含量比为43.7%，必需氨基酸含量与非必需氨基酸含量比为77.9%。木耳蛋白氨基酸比例符合FAO/WHO（联合国粮农组织/世界卫生组织）提出的蛋白质参考模式，是一种营养丰富的优质食用蛋白质。木耳中膳食纤维含量较高，每100克干料含量为51.92～57.57克。木耳中含有钙、铁、锌、锰、镁等多种矿物质元素，铁和钙的含量较高，其中铁含量是所有食用菌中最高的。黑木耳中还含有多酚、黄酮等抗氧化物质，多酚含量占比为1.1%～1.3%，黄酮含量占比为0.034%～0.067%。

2. 木耳的功能　木耳中含有多糖、多酚、黄酮、黑色素及膳食纤维等活性成分，具有抗氧化、抗肿瘤、抑菌、减肥及预防动脉粥样硬化等多种生物活性功能。

（1）提高机体免疫功能。免疫是人与动物防止生物性致病因子的一个生理过程。陈琼华等发现，木耳多糖能增加小鼠的脾脏指数、半数溶血值和E-玫瑰花结形成率，促进巨噬细胞吞噬功能和淋巴细胞转化，进而提高机体免疫功能。章灵华等报道，小鼠腹腔内注射黑木耳多糖后，体液免疫和细胞免疫有明显增加。张才擎等研究认为，木耳多糖对大鼠红细胞凝集作用影响较小，但可明显增强小白鼠巨噬细胞吞噬功能。

（2）抗肿瘤作用。木耳多糖的抗肿瘤作用是作用于机体防御系统而间接产生的，其主要机理在于增强机体细胞的免疫功能。对木耳子实体中提取的多糖的化学结构与其抗肿瘤活性相关性的研究，证明了木耳中的水溶性葡聚糖成分有明显的抗肿瘤作用。将木耳多糖以腹腔注射给药可抑制小鼠实体瘤 S_{180} 的生长，以静脉注射给药对抑制 Lewis 肺瘤、B_{16} 黑色素瘤和 H_{22} 肝癌变有效，最适有效剂量为20微克/千克。宗灿华等研究发现，木耳多糖可增高 H_{22} 小鼠血清一氧化氮含量，促进肿瘤细胞凋亡。

（3）抗衰老作用。木耳多糖对机体损伤有保护作用，可延缓组织衰老，被认为是较理想的抗衰老保健品。吴宪瑞等报道，木耳多糖能显著增强果蝇的飞翔能力、小鼠的游泳耐力，能使小鼠心肌组织脂褐质含量明显下降，并提高小鼠脑和肝中超氧化物歧化酶的活力。周慧萍等报道，木耳多糖能延长果蝇寿命，增加老年小鼠对有害刺激的非特异性抵抗力，降低动物血浆中过氧化脂质含量，减少脂褐素的生成。

（4）抗辐射作用。陈志强等给小鼠腹腔注射木耳多糖2毫克/只，连续7

天，以 ^{60}Coγ 射线照射，总剂量达 800 伦琴。结果表明，小鼠存活时间比对照组长 24 天，存活率提高 1.56 倍，说明木耳多糖对放射性细胞损伤有保护作用。樊黎生等研究发现，采用中、高剂量木耳多糖溶液对小鼠进行灌喂，经 3.5Gy^{60}Coγ 射线照射，小鼠的骨髓微核率和精子畸变率明显降低，存活率提高，存活时间延长，表明木耳多糖具有较好的抗辐射作用。

（5）抗凝血作用。木耳多糖有抑制血小板凝集的作用，其机制主要是抑制凝血酶的活性。国内有研究表明，体外试验以 30 微摩尔每升多糖液 0.1 毫升与兔血 0.9 毫升混合，凝血时间可延长 2 倍。给小鼠分组静脉注射、腹腔注射和灌喂 50 毫克/千克多糖液，凝血时间较对照组分别延长 2.1、1.3 和 1.3 倍。

（6）降血脂作用。有研究报道，以每天 300 毫克/千克木耳多糖对高脂血症小鼠连续给药 12 周，经测定，可明显降低小鼠血清总胆固醇含量和动脉粥样硬化指数，并提高血清和肝脏抗氧化能力。蔡小玲等每天为高脂血症小鼠注射木耳多糖，一周后小鼠血清中的胆固醇含量明显降低。研究者采用不同浓度的木耳多糖对高脂模型小鼠进行试验，结果表明，木耳多糖组小鼠的血清甘油三酯、总胆固醇和低密度脂蛋白均不同程度地低于对照组，而高密度脂蛋白却显著高于对照组，说明木耳多糖有降血脂作用。

（7）降血糖作用。宗灿华等研究了木耳多糖对糖尿病小鼠的降血糖作用，结果表明，与模型对照组比较，给药 15 天后，木耳多糖各剂量组小鼠血糖均显著降低。韩春然等用纤维素酶和蛋白酶从木耳中提取多糖，并研究其降血糖功能，结果发现，当给药剂量在 200 毫克/千克以上时，木耳多糖能明显降低糖尿病小鼠的血糖值，但对正常小鼠的血糖值没有影响，说明木耳多糖对糖尿病有良好的预防与防治效果。

（8）其他作用。申建和等对家兔的研究发现，木耳多糖可明显地延长特异性血栓及纤维蛋白血栓的形成时间，缩短血栓长度，减轻血栓湿重及干重。此外，木耳多糖还具有抗溃疡、抗肝炎、抗感染、抗突变、促进核酸和蛋白质生物合成等多种功效。

第二章
木耳病虫害防治原则和方法

第一节　木耳病虫害的类型

　　在木耳栽培过程中，由于某些生物侵染，或者培养基质被其他生物侵染，或者环境及栽培基质等条件不适宜，导致木耳菌丝体或子实体生长发育受到显著的不利影响，就是发生了木耳病虫害（图2-1）。在生产过程中如操作或管理

图2-1　木耳病虫害

不当，都有可能导致培养料被污染或子实体被侵染。无论是病原污染培养料，还是侵染子实体，都会发生危害造成程度不同的生产损失。据统计，中国每年由病虫害引起的食用菌损失率普遍为10%～18%，严重的甚至达到90%。

引起木耳病虫害发生的原因，称为病原；其中引起木耳病虫害的生物，称为病原物，如果该病原物是微生物，也可称其为病原菌，简称病菌。

根据病虫害的发生原因，木耳病虫害可以归为3种类型。

1. 杂菌性病害 主要是由真菌、细菌、病毒等微生物病原引起的。这些病原物污染木耳培养料，与木耳菌丝争夺营养和生存空间，阻碍木耳菌丝体在培养基上正常生长；或者侵染木耳子实体或菌丝体后引发病害，引起菌丝体凋亡，如毛木耳油疤病等。杂菌性病害会引起木耳减产、商品价值下降甚至绝收，造成重大的经济损失（图2-2）。

引起病害的主要病原菌包括木霉属、链孢霉属、曲霉属、青霉属、毛霉属、疣孢霉属、轮枝霉属等真菌以及假单胞菌等细菌。一些病原菌会产生毒素，这些毒素会迁移到木耳的营养体内进行累积，从而对人类健康产生危害。

图 2-2　木耳病害

杂菌病害一般发生在养菌期间，包括真菌和细菌等，杂菌病害也同样可在出耳阶段发生，尤其当出完一潮耳或二潮耳后，木耳基料出现营养不足，菌丝也明显衰弱、抗性下降、竞争力减退，加上其他外部条件的不适等，这时如果没有及时补充"营养素"，杂菌很容易趁虚而入、借机发展，给木耳生产造成较大危害。木耳生产中常见的真菌类杂菌主要有绿色木霉、链孢霉、毛霉、曲霉、黑根霉、酵母菌等，另外还有各种细菌。

有的病原菌在木耳的出耳阶段会对子实体产生直接或间接危害、导致木耳出现发育不良、萎缩、死亡以及褐变、腐烂等病症。这些病害因病原菌的不同而形态各异。有一些病原菌既可危害子实体，同时又对养菌产生危害，如绿色木霉，既可以在养菌期产生感染，又可以在出耳阶段出现染病现象。有时这些杂菌也形成交叉感染，真菌和细菌或多种真菌先后共同危害同一耳体，出现这种情况后，木耳种植者由于没有专业的检测设备和准确的识别方法，很难对症下药。比如今年用某种药品轻松防治了木耳的一种病症，明年看起来遇到同种病害，使用相同的药品却无效了，这很可能是杂菌交叉感染所致，而非药品质量问题。

2. 生理性病害　由不适宜的培养基质或环境条件引起的木耳生长发育受阻的现象，称为生理性病害。该病害的发生主要由于耳农技术管理不到位，使养菌或出耳阶段外部条件不适，导致菌丝或子实体出现异常生理性病害，常引起接种失败、菌袋报废、无法出耳、子实体畸形、萎蔫或枯死等，在生产中经常造成巨大的经济损失。

3. 虫害　木耳在栽培过程中，也会受到一些昆虫的危害，称为虫害。害虫起初在木耳的培养基内取食培养基，随着菌丝的繁殖和耳体的形成，害虫又取食菌丝和耳体，成为木耳的终身害虫。耳体被侵害后，出现斑点、孔洞、缺刻、畸形、变色等症状，使木耳的商品价值降低，导致减产或绝产。同时害虫也是传播杂菌的媒介，会引发木耳病害。据统计，危害木耳的害虫有10多种，其中危害严重的有6种，即菇蚊、瘿蚊、蚤蝇、螨虫、跳虫、线虫。

第二节　木耳病虫害防治的基本原则

木耳病虫害的防治应遵循"预防为主，综合防治"的方针。综合防治就是要以农业防治和物理防治为主，把农业防治、物理防治、化学防治、生物防治等多种有效可行的防治措施结合使用，组成一个全面有效的防治体系，严格生产管理，规范生产技术，减少和杜绝杂菌污染，将病虫害控制在最小的范围内和最低的水平下，确保木耳生产的安全、高产和高效。

选择综合防治措施要遵循以下五个原则：

（1）预防病虫害的发生和蔓延。

（2）通过改变生态环境条件，控制病虫害的危害。

（3）能够及时有效地消灭有害生物。

（4）使用药剂时要保护好木耳的菌丝体和子实体不受药害，不污染产品，不危害人体的健康。

（5）要保护好天敌。要始终坚持保护环境与可持续发展相结合，坚持绿色生产、标准化生产的原则。

第三节　木耳病虫害的防治原理

一、病害的侵染来源

1. 靠气流或风力自然传播　在木耳接种和栽培过程中，如果周围环境不保持清洁卫生，则病原菌、杂菌可大量滋生繁殖。大量孢子随气流、风力飘扬侵入菌种内或菌袋上，引起发病。

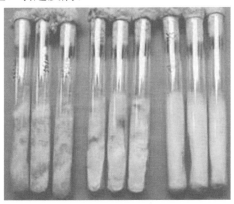

图 2-3　杂菌污染菌种

2. 由培养料带入耳房　培养料，特别是生料，本身都带有许多病菌孢子和菌体。不加曝晒或药剂处理、栽培季节不当、管理不善（温度高、湿度过大通风不良）都会使杂菌在耳房猖獗生长。

3. 菌种带杂菌　未经严格检查的母种、原种和栽培种，往往会带有杂菌、线虫和病毒等。播种了有病的菌种，可能会导致栽培全部失败（图 2-3）。

二、木耳病害防治基本原理

1. 非侵染性病害的防治原理　防治非侵染性病害关键在于预防。从培养料的配制、发菌条件的调节，到耳房环境条件的控制，在木耳的整个发育过程中，都要尽一切可能创造利于木耳生长发育的条件，来抑制此类病害的发生。

2. 侵染性病害的防治原理　侵染性病害的发生和蔓延需要具备四个条件，即病原物、宿主、适宜侵染的环境条件、再侵染和蔓延的机会，据此，可得出防治原理。

（1）阻断病原。使侵染源不能进入耳房，例如：不使用带病的菌种，对培养料进行规范的灭菌，对旧耳房进行彻底消毒，清洁环境等。

（2）阻断传播途径。任何病害在木耳生长期如果仅发生一次侵染，一般不会造成危害；只有发生再次侵染，才会对生产造成明显的危害。因此，病害发生后阻断传播途径很重要，如对用具进行消毒、对耳房及时消毒等。

（3）抑制病原菌的生长。多数病害都喜高温高湿，适当降温降湿、加强通风，对多种病原微生物都有不同程度的抑制作用。

（4）杀灭病原物。进行耳房内外环境的彻底消毒和必要的药剂防治。

三、木耳虫害防治要点

1. 截断虫源 生产前对耳场进行彻底清理，消灭害虫滋生场所。清理耳房、庭院及其周围环境。将上一年一切有机废弃物进行集中烧毁、深埋或运走，用漂白粉加石灰浆粉刷耳房。

2. 分室操作 严格执行接种、培养、出耳三室配套，分室操作，严禁一室多用。接种室和培养室应该远离出耳室。降低室内温度，达到通风、向阳、干燥、干净、无菌。接种所用的工具也应专用，不得作为他用。

3. 出耳前预防 在培养过程中木耳极易遭受虫害。要严防害虫侵入，培养室门窗装上双层纱窗，减少虫源。菌袋在培养期间，每隔6天用"菇虫一熏净"等药物熏蒸。

4. 严密监测 菌袋在出耳过程中，由于木耳子实体散发的菌香味，极易诱发虫害。应在及时采摘的基础上，严密监测、防止扩散。可以使用农药配合监测，但严禁使用剧毒、高毒农药，这类农药高残留，极易使耳体变形。要选用低毒无残留农药。

第四节　木耳病虫害防治的基本方法

一、农业防治

农业防治在木耳病虫害防治中有极其重要的地位，包括：

①栽培环境的控制。

②培养材料的选择和使用。

③耳房消毒和菌种处理。

④栽培管理和各项农事操作。

⑤采用优良品种，提高木耳自身的抗病性等。

农业防治的原理就是根据木耳本身生物学特性和木耳病虫害发生规律，使两者相抗相避，或使病虫害发展慢些和轻些。农业防治在很大程度上取决于各种环境因子，当环境条件有利于木耳生长而不利于病虫害发展时，木耳活力旺盛、抗性强，病虫害就不易发生甚至不能发生，反之病虫害便会乘虚而入。

防治措施：

①场所。清洁，使用前严格消毒。

②菌种。选用抗逆性强、菌龄适宜的菌种，适当加大播种量。

③原料。用料要新，配料勿加过多糖、粮类营养，应呈偏碱性。

④环境。忌高温、高湿、通气差。

⑤模式。合理轮作换茬。

二、物理防治

用物理方法防治木耳的病虫害是比较安全有效的。在木耳生产的日常管理中，应对光、温、水、气等物理因子综合调控，尽可能地创造适于黑木耳生长发育的环境条件。

病虫害防治措施：设障阻隔、灯光诱杀、日光曝晒和低温处理等（图2-4木耳处理设备）。

图2-4　木耳病虫害物理防治设备

三、生物防治

在木耳栽培过程中利用捕食性昆虫或寄生性昆虫抑制或控制害虫的发生发展，或利用某些微生物（包括细菌、真菌、病毒等）及其代谢物去抑制或控制病原菌的发生发展，这种防治病害的方法称为生物防治。生物防治是实现无公害木耳生产的关键技术，尚处于起步阶段，但应用前景乐观。

生物防治种类：

①细菌制剂。如苏云金杆菌，防治螨类、蝇蚊、线虫等。

②植物制剂。如鱼藤精、烟草浸出液等，可防治多种食用菌害虫。

③抗生素类。如链霉素、金霉素等，主要防治细菌性病害。

第三章

木耳常见病害及其防治

第一节　木耳常见杂菌病害及其防治

一、木霉

木霉也称绿霉菌，是木耳生产的主要有害菌，一般比木耳的菌丝生长速度快，可导致制种失败和栽培减产，甚至绝产。

木霉（*Trichoderma* spp.）属于真菌界、子囊菌门、粪壳菌纲、肉座菌目、肉座菌科、木霉属。常见的木霉有绿色木霉（*Trichoderma viride*）、康氏木霉（*T. koningii*）、哈茨木霉（*T. harzianum*）、长枝木霉（*T. longibrachiatum*）、多孢木霉（*T. polysporum*）等。常见于土壤中，是一类普遍存在且易于分离的丝状真菌，也是土壤微生物的重要组成群落之一。

木霉菌落起初为白色，致密，圆形，向四周扩展，后从菌落中央产生绿色孢子，中央变成绿色，菌落周围有白色菌丝的生长带，最后整个菌落全部变成绿色。绿色木霉菌丝为白色，纤细，直径为1.5～2.4微米，产生分生孢子。分生孢子梗垂直对称分歧，分生孢子单生或簇生，圆形，绿色。绿色木霉菌落外观为深绿或蓝绿色；康氏木霉菌落外观为浅绿、黄绿或绿色（图3-1）。

图3-1　木霉菌落

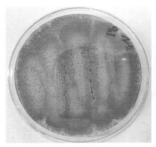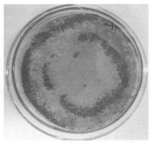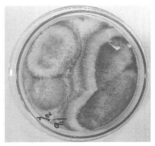

图 3-2 木霉菌落形态

1. 病害症状 该病多发生于菌丝培养期、排场期及春季出耳后期的菌棒上。培养期发病表现为在接种口或菌棒内出现绿色点状或斑块状霉,很快发展成片状,出现绿色霉层;排场期发病表现为在早秋气温较高天气排场,菌棒靠近地面底端或下半侧出现块状的绿色霉层,逐渐向中上部蔓延,直至整支菌棒腐烂;春季发病多出现在气温升高的多雨天气,整支菌棒出现绿色霉层,进而腐烂(图 3-3)。

图 3-3 被木霉危害的木耳子实体和菌棒

2. 传播和污染途径

①采用淀粉含量高的稻谷、麦粒或玉米制作的材料转接生产种,生产种培养后期易受到杂菌感染,而使菌种本身带菌。

②使用老化或活力弱的菌种生产。

③培养料使用棉籽壳或大颗粒原辅材料配制,未预湿导致灭菌不彻底。

④生产场所、灭菌场所、冷却场所、接种场所和培养场所病菌基数高，通过空气传播。

⑤接种人员双手和接种工具在使用前未按规定操作清洁消毒而传播。

3. 防治方法

①避免使用淀粉含量高的材料生产菌棒。

②使用新鲜、干燥的木屑等原辅材料配制培养基；大颗粒的原辅料使用前须先预湿；严格按规定配方，避免加入过多的富氮物质（如麸皮）。

③料袋灭菌后要堆放在干净场所密闭冷却，保持接种室和培养室内的卫生和干燥，定时进行消毒，遇连续阴雨天气，采取撒生石灰的方法吸湿。

④选择 24℃ 以下天气排场，排场后耳芽长出前遇高温或大雨天气，采取架设遮阳网或铺设薄膜等方法遮阳、遮雨。

⑤尽量在翌年 4 月上旬前结束采收。

⑥菌种袋或菌种块局部发病时，可用 1％美帕曲星、0.5％多丰农、0.1％施保功、0.1％扑海因或 2％甲醛溶液注射或涂抹病处。培养料发生木霉时，可直接在污染料面上撒一层石灰粉控制病情。

二、青霉

青霉（*Penicillium*）常见于腐烂的水果、蔬菜、肉食及衣物上，多呈灰绿色。属于子囊菌亚门、不整囊菌纲、散囊菌目、散囊菌科。青霉菌属多细胞，营养菌丝体无色、淡色或具鲜明颜色。菌丝有横隔，分生孢子梗亦有横隔，光滑或粗糙，基部无足细胞。青霉无性繁殖时，菌丝发生直立的多细胞分生孢子梗，梗的顶端不形成膨大的顶囊，其分生孢子梗经过多次分枝，产生几轮对称或不对称的小梗，形如扫帚，称为帚状体。各顶端的小梗产生链状的青绿色的分生孢子，分生孢子为球形、椭圆形或短柱形，光滑或粗糙，大部分生长时呈蓝绿色。分生孢子脱落后，在适宜的条件下萌发产生新个体。有性生殖极少见。有少数菌种产生闭囊壳，内形成子囊和子囊孢子，亦有少数菌种产生菌核（图 3-4）。

图 3-4　青霉菌株形态

青霉的孢子耐热性较强，菌体繁殖温度较低，酒石酸、苹果酸、柠檬酸等饮料中常用的酸味剂又是它喜爱的碳源，因而常常引起这些制品的霉变。通常在柑橘及其他水果上，冷藏的干酪及被它们的孢子污染的其他食物上均可找到，其分生孢子在土壤内、空气中及腐烂的物质上到处存在。青霉营腐生生活，其营养来源极为广泛，是一类杂食性真菌，可生长在任何含有机物的基质上。

青霉菌的种类很多，如产黄青霉（*Penicillium chrysogenum* Thom）、特异青霉（*P. notatum* Westling）均能产生青霉素。黄绿青霉（*P. citreo-viride* Biourge）、桔青霉（*P. citrinum* Thom）和岛青霉（*P. islandicum* Sopp）能引起大米霉变，产生"黄变米"，它们会产生一定的毒素，如黄绿青霉素会对动物神经系统造成损害，桔青霉能产生损害肾脏的毒素，岛青霉产生的黄天精、环氯素和岛青霉素均为肝脏毒素。

青霉适宜的生长温度为 20～30℃，相对湿度在 90％以上，通过空气、土壤、肥料、植物残体传播。培养料 pH＜4 或含水量不足、培养料碳水化合物过多、幼菌生长瘦弱的条件下，木耳易受青霉感染。

青霉可侵染各种木耳制种和栽培的培养基、培养料，常见的有产黄青霉、圆弧青霉等。青霉危害木耳的方式是在木耳的培养料上生长的菌落交织起来，形成一层霉层，覆盖料面，阻隔料面空气；同时分泌毒素，对木耳的菌丝有致死作用。发病初期青霉的菌丝与木耳的菌丝极为相似，很难将二者区分；但当其分生孢子形成后，青霉则呈现出淡蓝色或绿色的粉层。

1. 症状 培养基、培养料污染青霉孢子，培养初期孢子萌发，长出白色菌丝体，形成小的绒状菌落。2～3 天后从菌落中心开始产生绿色或黄绿色的分生孢子，菌落中心为绿色，外圈为白色。菌落扩展有局限性（图 3-5）。培养基下面有的产生色素，有的不产生。凡青霉污染处，木耳菌丝体生长受到抑制。高温、高湿条件有利于青霉发生，但低温下青霉也能生长（图 3-6）。

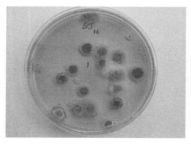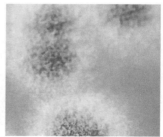

图 3-5　青霉菌落形态

图 3-6　低温下青霉污染的袋料

2. 防治方法

（1）消毒灭菌。认真做好接种室、培养室及生产场所的消毒灭菌工作，保持环境清洁卫生，加强通风换气，防止病害蔓延。

（2）精制培养料。培养料要选用新鲜、干燥、无霉变的原料，拌料时麦麸或米糠用量比例控制在 10％以内。

（3）添加拌剂。拌料时，按照每吨干培养料加 3 瓶的比例添加"施耳康"，可有效预防青霉病害的发生。

（4）过程控制。袋料栽培品种，收第一潮耳后，及时清理菌棒料面，剔除耳根和弱耳，然后喷洒 1 次 10％的石灰水，降低培养料酸度。在发生青霉的地方，及早挖除病菌并撒施石灰粉或喷施多菌灵 500 倍液，防止霉菌蔓延。

（5）药剂防治。菌袋发生青霉菌后，可喷洒 500～800 倍的 25％多菌灵液或 800 倍的 70％甲基托布津液。

三、链孢霉

链孢霉（Neurospora），又称脉孢霉、红粉菌、红色面包霉和红娥子，其病害名称为红链孢霉病、红面包霉病、粉霉病等，常见的有粗糙脉孢菌（Neurospora crassa）、好食脉孢菌（N. sitophila）等。在分类学上属子囊菌亚门，粪壳菌目，粪壳菌科。无性世代为半知菌亚门，丝孢纲，丝孢目，丝孢科的链孢霉属。

链孢霉菌丝体疏松，分支成网状，菌丝内有隔，多核。无性繁殖时形成分生孢子，为卵圆形，多呈红色或粉红色，着生于直立、二分叉的分生孢子梗上，成串生长。因其常在富含淀粉的食物上生长，故又称红色面包霉。有性繁殖时可产生造囊丝，并由此形成子囊，且有子囊果为子囊壳，故属核菌类。子囊壳为圆形，具有一个短颈，褐色或黑褐色。在遗传研究及生化途径研究上广泛应用，其子囊孢子在子囊内呈单向排列，表现为规律性的遗传组合，给遗传研究带来极大的方便。其菌体内含丰富蛋白质、维生素 B_{12} 等，可用于工业发酵和制作饲料。

在食用菌生产中，链孢霉严重危害所有木耳的母种、原种、栽培种，以及香菇、木耳、银耳、灵芝等熟料菌筒，但在平菇、草菇、双孢蘑菇生料栽培中少有发生。

1. 症状 链孢霉生长迅速，其生长初期呈白色或灰色绒毛状，匍匐生长，分枝，具隔膜；很快向外蔓延，生长疏松，呈棉絮状；分生孢子梗直接从菌丝上长出，与菌丝无明显差异，几天后，梗顶端形成分生孢子（图 3-7）。分生孢子为卵形或近球形，成串悬挂在气生菌丝上，迅速变成橘红色或粉红色的粉状霉层。当大量分生孢子堆集成团时，外观与猴头菌子实体相似（图 3-8）。

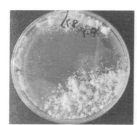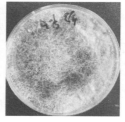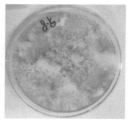

图 3-7 链孢霉菌落形态

图 3-8 链孢霉菌丝体示意

链孢霉广泛分布于自然界土壤中和禾本科植物上，尤其在玉米芯、棉籽壳上极易发生。成团的橘红色、粉状分生孢子，可随风飘散，是高温季节发生的最重要的杂菌。该菌的孢子萌发、菌丝生长速度极快。特别是气生菌丝（也叫产孢菌丝）顽强有力，它能穿出菌种的封口材料、挤破菌种袋，形成数量极大的分生孢子团，有当日萌发、隔日产孢的高速繁殖特性。在20～30℃条件下，一昼夜即可长满整个试管斜面培养基，在木屑及棉籽壳培养料上蔓延迅速、传播力强。

如果发菌室内一部分菌袋感染上链孢霉，料面会迅速形成橙红色或粉红色的霉层，即分生孢子堆。霉层如在塑料袋内，可通过某些孔隙迅速布满袋外，在潮湿的棉塞上，霉层厚可达1厘米。3天后整个生产场地都会布满链孢霉红色的孢子。菌袋一经污染很难彻底清除，常引起整批菌种或菌袋报废，造成毁灭性损失。该菌来势之猛、蔓延之快、为害之大，并不亚于木霉。一旦严重发生，便是灭顶之灾（图3-9）。

图3-9 被链孢霉污染的菌袋

链孢霉适生于环境潮湿、有机质丰富的基质中，高温、高湿的环境有利于该菌的发生和生长。该菌生命力强、生长速度极快，20～35℃培养条件下，孢子在6小时内萌发成菌丝并迅速在瓶（袋）内长满，感染瓶（袋）基料表面

24 小时后，即可在分枝的分生孢子梗上长 1 条长链，其上形成大量橙红色的分生孢子，呈团状或球状，长在棉塞、袋口或菌袋损伤处，遇到轻微的空气振动，其分生孢子即可随气流迅速扩散。培养料灭菌不彻底，接种箱、接种室消毒不彻底，接种时工作人员没有遵守无菌操作规程，棉塞受潮后未更换，塑料袋有损伤、裂口或接种用的母种、原种已污染链孢霉，养菌室空气湿度高、通风不良，菌袋摆放过于紧密，都有利于链孢霉的发生与传播。室外各种潮湿的有机物木屑、玉米芯、麸皮、米糠、豆饼等极易发生链孢霉，并以大量的孢子污染培养料。链孢霉感染基料后能杀死木耳菌丝并通过其代谢作用使培养料中的麦麸、豆饼、米糠等发酵，剖开污染的菌袋（瓶）或培养室内感病菌袋（瓶），周围可闻到浓厚的酒精香味。链孢霉是代料栽培和菌种生产中威胁性很大的杂菌，在黑木耳及蘑菇类栽培后期可能大量发生，引起培养料腐烂而不能继续出耳。

在木耳的原种、栽培种的栽培中，链孢霉一般从瓶、袋口和塑料袋破口处侵染灭菌的培养料，很快长出白色菌丝体，并迅速扩展，几天即可长满整瓶、整袋培养料，最快 24 小时即可从瓶口、袋口或破袋处长出大量粉状橘红色分生孢子。链孢霉白色菌丝体在培养料表面呈现不均匀分布的状态，主要通过空气、土壤、培养料、水等途径进行传播（图 3-10）。

图 3-10　链孢霉侵染袋料

链孢霉病的发生与下列生态条件有关：

（1）温度。链孢霉菌丝在 4～44℃均能生长，25～36℃生长最快。孢子在 15～30℃萌发率最高，低于 10℃萌发率低。菌种生产大多是在 6—9 月高温季节进行，故它是菌种生长期危害最严重的病害。

（2）湿度。含水量为 53%～67%时，链孢霉生长迅速，特别是用的棉塞受潮时，能透过棉塞迅速侵入瓶内，并在棉塞上形成厚厚的粉红色的霉层。含水量在 40%以下或 80%以上，则生长受阻。

（3）酸碱度。培养基 pH 为 3～9 时都能生长，最适 pH 为 5～7.5。

（4）空气。链孢霉属好气性微生物，在氧气充足时，分生孢子形成快；无氧或缺氧时，菌丝不能生长，孢子不能形成。

（5）营养。培养料糖分和淀粉过量是链孢霉菌发生和蔓延的重要原因之一。

2. 防治方法

（1）菌种、原辅材料选择与处理。选择适应当地环境、抗病能力较强的菌株；使用菌龄短、生命力强、长势旺盛的优质母种和原种，有利于接种后尽快形成优势，抵制链孢霉等杂菌的侵染。

（2）培养基原料要新鲜。不要使用已霉变的原料，尤其是装袋车间温度较高时，绝对不能隔夜灭菌，若需隔夜灭菌需将瓶（袋）放在 $0 \sim 10℃$ 的低温处存放。

（3）防止高压（或常压）灭菌不彻底。

①保证灭菌时间。常压锅灭菌必须在锅内温度达到 $100℃$ 后维持 $6 \sim 8$ 小时。高压锅灭菌时 2 级菌在压力达到 1.5 个标准大气压后需维持 1 小时方可消灭，3 级菌则需维持 $1.5 \sim 2$ 小时方可消灭。

②排净冷空气。如果锅体内的冷空气排放不彻底，则会造成我们通常所说的"假压"，从而致使消毒不彻底，因此排净冷空气是实现蒸汽灭菌的关键。

③保证锅体内气流循环畅通。装料过多、过紧，装料方法不当，会使空气流通受阻，传导热量不均匀，导致消毒不彻底。用金属筐（架）或耐高温塑料筐盛放瓶（袋），可使瓶（袋）相互间有一定间隙，一般不会产生阻塞问题。

④灭菌锅仪器仪表应及时检测。若压力表、测温表表盘失灵，则灭菌锅可能未达到所指示压力或温度，定期检修才可预防这类事故发生。值得注意的是：部分菌种生产者在制菌过程中灭菌时常以锅体中部所示温度为准，这样做是不科学的，应以锅体顶部所示温度为准。

（4）木耳菌 2、3 级菌转接过程中污染的预防。

①防止棉塞、纸盖、无棉盖体受潮生霉。蒸汽灭菌过程常使棉塞等受潮或吸水，潮湿的棉塞、纸盖、无棉盖体最易招致杂菌的滋生，从而导致瓶（袋）的污染。因此，在蒸汽灭菌达到规定时间后，出锅前，应待锅内温度降至 $85℃$ 以下后，小开锅门，利用锅体、菌瓶（袋）的余热将棉塞、纸盖等烘干。接菌时应及时更换受潮吸水的棉塞、纸盖等。

②接种环境的消毒（2 次消毒）。将接种场所打扫干净，包括地板、墙面等。用 2% 来苏水擦洗接种箱内、外进行消毒。打开接种箱中的紫外线灯消毒30 分钟。将检查无异常的待接种瓶（袋）及工具、菌种放入接种箱内，用气雾消毒剂（如菇保一号）灭菌 $30 \sim 40$ 分钟后接菌。

③养菌过程中污染的预防。接菌后，进入养菌室前，应将养菌室用气雾消

毒剂（如菇保一号）或其他杀菌剂进行消毒处理，使养菌室保持清洁、干净。养菌期间，要保持菌室通风良好，防止闷热潮湿，因为闷热、潮湿的环境最适于杂菌的生长。每隔1周采用不同杀菌药剂消毒，可增强杀菌效果，以免产生抗药性，如交替使用菇保一号、美帕曲星、多菌灵等，不要轻易使用硫黄熏蒸。

（5）生产场所远离污染源。彻底清理生产环境中上季生产留下的废弃料、废菌袋、霉变的果实及玉米芯等淀粉含量高的物质。

（6）注意排场时间。选择在10月下旬至11月上旬气温下降至25℃以下时排场，菌丝恢复之前不能朝菌棒直接喷水。

（7）防雨水进入。遇下雨天气，要腾空架设薄膜防止雨水直接进入刺孔口。

（8）正确处理感染菌棒。对已经发生链孢霉感染的菌棒，先用柴油浸湿棉花团，然后将棉花团直接按压在感染部位，并用湿报纸包裹感染菌棒搬至其他场所隔离处理，防止孢子四处飞散相互感染。

（9）药剂。用多菌灵或甲基托布津2 000倍液拌料，可有效抑制链孢霉菌丝生长，而对木耳菌丝生长无抑制作用。

切记：

（1）不可直喷药液。发现链孢霉孢子团后，千万不要直接对菌袋喷洒药液，因为喷雾时，链孢霉孢子将会借助喷雾气流四处散发，形成扩散性污染。

（2）不可用扫帚直接清扫。已发生污染的耳房，不能直接使用扫帚扫地，宜用带水拖布擦洗，最好能单独兑配"链孢克星"药液进行擦洗，以强化杀菌效果。

四、毛霉

毛霉（*Mucor*）又叫黑霉、长毛霉，属于接合菌亚门、接合菌纲、毛霉目、毛霉科，代表种为高大毛霉（*Mucor mucedo*）、总状毛霉（*Mucor rucemcsus*）和梨形毛霉（*Mucor plrirmls*）。属于低等真菌，菌丝发达、繁密，为白色、无隔多核菌丝，属单细胞真菌。菌落蔓延性强，多呈棉絮状。

毛霉主要以孢囊孢子和接合孢子繁殖，广泛分布于自然界，常存在于土壤、粪便、禾草及空气等环境中。在高温、高湿度以及通风不良的条件下生长良好，为腐生性真菌，具有较强的蛋白质分解能力，常引起食物霉变，是一种条件致病性真菌。危害黑木耳的毛霉品种主要为总状毛霉，其主要危害各种黑木耳培养料。

毛霉菌菌丝无隔、多核、分枝状，在基物内外能广泛蔓延，无假根或匍匐菌丝。不产生定形菌落，菌丝体上直接生出单生、总状分枝或假轴状分枝的孢囊梗。各分枝顶端着生球形孢子囊，内有形状各异的囊轴，但无囊托。囊内产大量球形、椭圆形、壁薄、光滑的孢囊孢子，孢子成熟后孢子囊即破裂并释放孢子。

有性生殖借异宗配合或同宗配合，形成一个接合孢子，某些种产生厚垣孢子。

毛霉菌丝初期呈白色，后期呈灰白色至黑色，这说明孢子囊大量成熟。毛霉目真菌在沙氏培养基上生长迅速，菌落表面为棉絮状或羊毛状，初为白色，逐渐变为灰黑色、灰褐色或其他颜色，顶端有黑色小点，取菌丝以乳酸酚棉蓝染色，镜检可观察到菌丝、孢囊梗、孢子囊、孢子等。毛霉菌丝体每日可延伸3厘米左右，生产速度明显高于黑木耳菌丝（图3-11）。

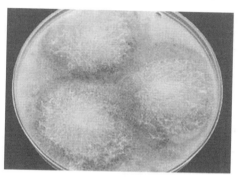

图 3-11　毛霉菌丝及菌落

1. 症状　培养基一旦受毛霉感染，会在表面形成灰白色菌丝。因菌丝生长速度极快，几天就会长满黑木耳生长所需要的整个空间，后期会在菌丝表面形成许多圆形黑色小颗粒体。栽培袋被污染后，培养料上会长出粗糙、疏松发达的营养菌丝，初期为白色，后变为灰色、棕色或黑色，条件适宜时，一星期内就会在培养料内外布满毛霉菌丝，使料袋变黑，导致料面不能出耳。

毛霉菌丝体生长极为迅速，2～3天即可长满培养料（图3-12）。在培养时适当加大石灰用量，形成偏碱性条件，可有效抑制毛霉的生长。

图 3-12　被毛霉侵染的袋料及覆土上的毛霉

2. 传播途径　毛霉在谷物、土壤、粪便及植物残枝上广泛生长，孢子通过空气和工具传播，对于生料栽培时的木耳主要通过培养料传播。

3. 防治方法

（1）无菌操作。生产和栽培要严格无菌操作，防止毛霉孢子污染。

（2）减少杂菌。生料栽培时要选择无霉变的培养料，暴晒 2～4 天并堆积发酵 4 天，减少杂菌数量。

（3）加用石灰。培养料加大石灰用量，以偏碱性条件控制毛霉菌发生。

五、曲霉

曲霉（*Aspergillus*）的种类很多，多数属于子囊菌亚门，少数属于半知菌亚门，常见的有黑曲霉（*A. niger*）、黄曲霉（*A. flavus*）、烟曲霉（*A. fumigatus*）、灰绿曲霉（*A. glaucus*）。曲霉广泛分布于土壤、空气和谷物上，可以引起食物、谷物和果蔬的霉腐变质，有的可产生致癌性的黄曲霉毒素。无性繁殖产分生孢子，大多数有性阶段不明，归为半知菌亚门；少数种可形成子囊孢子，归为子囊菌亚门。

曲霉菌丝发达多分枝，为有隔多核的多细胞真菌。分生孢子梗从特化了的厚壁而膨大的菌丝细胞（足细胞）上垂直生出；分生孢子头状如"菊花"（图 3-13）。

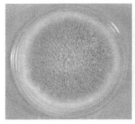

图 3-13　曲霉的菌落及孢子

曲霉的菌丝、孢子常呈现各种颜色，黑、棕、绿、黄、橙、褐等，菌种不同、颜色各异。

曲霉是发酵工业和食品加工业的重要菌种，已被利用的有近 60 种。2 000 多年前，我国就用它制酱，它也是酿酒、制醋曲的主要菌种。现代工业利用曲霉生产各种酶制剂（淀粉酶、蛋白酶、果胶酶等）、有机酸（柠檬酸、葡萄糖酸、五倍子酸等），农业上用作糖化饲料菌种。

曲霉广泛分布在谷物、空气、土壤和各种有机物品上。生长在花生和大米上的曲霉，有的能产生对人体有害的真菌毒素，如黄曲霉毒素能导致癌症；有的则引起水果、蔬菜、粮食霉腐。

在木耳制种与栽培中，培养基、培养料常被曲霉污染。

1. 症状　在培养基上，黑曲霉菌落初为白色、菌丝体为绒状，扩展较慢；后为黑色，肉眼可见黑色、疏松的颗粒状菌落。黄曲霉菌落初略带黄色，后渐变为黄绿色（图 3-14）。

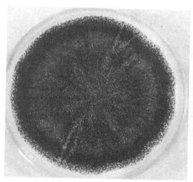

图 3-14　黑曲霉与黄曲霉菌落

2. 发生规律　多发生于 7—8 月高温天气制袋的菌棒内，菌丝成熟期短，感染后 1～3 天即可出现微黄色或暗黄色霉层，并使木耳菌丝停止生长、消失，最后黄色霉层占领整个料袋（图 3-15）。

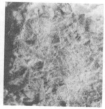

图 3-15　被曲霉侵染的袋料

原因分析：

①原辅材料不新鲜，发生霉变。

②栽培环境不洁。

③采用大颗粒的原辅材料或使用棉籽壳配制培养基，事先未预湿，或菌棒堆叠不当、蒸汽不畅通，形成死角，致使灭菌不彻底。

3. 防治方法 注意搞好环境卫生，保持培养室周围及栽培地清洁，及时处理废料。接种室、耳房要按规定清洁消毒；制种时操作人员必须保证灭菌彻底，袋装菌种在搬运等过程中要轻拿轻放，严防塑料袋破裂；经常检查，发现菌种受污染要及时剔除，决不播种带病菌种。此外还应注意以下事项：

（1）通风去霉。如在培养料上发生曲霉，可及时通风干燥，控制室温在20～22℃，待杂菌被抑制后再恢复常规管理。

（2）调节 pH。在拌料时加1%～3%的生石灰或喷2%的石灰水以适当提高 pH 可抑制杂菌生长。

（3）药剂拌料。用干料重量0.1%的甲基托布津拌料，防治效果更好。

（4）注意瓶口。菌种瓶装料时不能过满，以免棉塞沾料；瓶装完毕后应洗净瓶口，保持棉塞清洁。

（5）环境控制。

①木屑、麸皮、棉籽壳等原辅材料需充分干燥后堆放在阴凉、通风、干燥的场所。

②使用新鲜、干燥的木屑等原辅材料配制培养基；大颗粒的原辅料使用前须先预湿；严格按规定配方，避免加入过多的富氮物质（如麸皮）。

③每灶灭菌数量控制在5 000袋以内，菌棒堆放要保持蒸汽畅通，棉籽壳要充分预湿后配制培养基。

④料袋灭菌后要堆放在干净场所密闭冷却，保持接种室和培养室内的卫生和干燥，定时进行消毒；遇连续阴雨天气，采取撒生石灰的方法吸湿。

六、指孢霉

指孢霉（*Dactylium dendroides*）病又称霜霉病、湿腐病、蛛网霉病，病原为树状指孢霉，属于半知菌亚门，又名树状轮枝霉。菌丝白色，气生菌丝生长旺盛致密，棉絮状，分生孢子梗从气生菌丝上直接长出，细长、稀疏；分生孢子小梗呈轮状分枝，顶端尖细，其上单生或簇生1～3个分生孢子；分生孢子无色或呈淡黄色，长卵形或梨形，大小为5～20微米。主要发生于木耳、蘑菇、平菇发菌期的菇床上，能危害木耳、蘑菇和平菇的子实体。

1. 病原特征与危害症状 发病初期，菌棒表面会长出一厚层白色绵状菌丝，在温度湿度适宜时，常在菌棒表面覆盖形成棉絮状菌被，易被误认为是木耳菌丝。菌棒感染严重时，受害部位的原基不能形成或受到抑制，并进一步侵害正在生长的子实体；子实体发病时，先从木耳基部开始，逐渐向上传染，并呈现淡褐色软腐症状；受害严重后，木耳表面长满白色病原菌丝，或病耳连同其着生的菌棒部位均被病原菌丝呈蛛网状包围覆盖，最终造成病耳全体呈淡褐色软腐状；病原菌丝后期变成淡红色，发病中心部位有紫红色色素产生。

2. 侵染途径与发生条件　病原菌是一种弱性寄生的土壤真菌，喜酸性、潮湿和有机质多的环境，肥沃的苗床、菜园土以及表层土壤存在最多。病原菌可随培养料或土壤直接侵入菌棒，分生孢子可随气流、昆虫、病耳和水溅作用传播扩散。

病原分生孢子在 20℃ 时萌发率最高，25～30℃ 时对萌发不利，遇高温（60～70℃）易死亡。病原菌丝生长适温为 25℃，pH 为 2.2～8.0 时可生长，最适 pH 为 3.4。分生孢子萌发和菌丝生长最适于饱和的湿度。木耳菌棒或菌袋直接与带菌的土壤接触时，或采用露地阳畦、室外塑料大棚和日光温室作耳场，该病容易发生。

3. 防治方法

（1）消毒灭菌。保证环境清洁卫生，严格培养料灭菌。直接与菌棒接触的地面、土壤，在使用时必须做好消毒预处理。

（2）过程控制。长耳阶段的菌床或菌袋，要采用干湿交替的方法进行水分管理，并保持良好的通风换气环境。转潮期间，除做好清理外，还应定期用 1%～2% 石灰清液喷洒，以防菌棒酸化过重。

（3）应急处理。该病一旦发生，要暂停喷水 1～2 天，立即通风降湿，并摘去病耳，被污染的菌袋应清出或更换。对降湿后的发病部位可喷洒 2%～5% 甲醛溶液或 50% 多菌灵 800～1 200 倍液或 5% 石灰清液或 150～250 毫克/千克漂白粉液，也可在染病处用薄薄的石灰粉或漂白粉覆盖。

（4）及时采收。对木耳子实体应及时采收，预防老化感染。

七、黄孢原毛平革菌

黄孢原毛平革菌（*Phanerochaete chrysosporium* Burdsall），也叫面包菌，是白腐真菌的一种。具有极强的酵解木质素的能力，分类学上属于担子菌纲、非褐菌目、伏革科、显革菌属。菌丝体为多核，一孢内随机分布多达 15 个细胞核，菌丝一般无隔膜，也无锁状联合。分生孢子为异核体，担孢子是同核体。交配系统有同宗配合和异宗配合两种形式。这种真菌的最主要作用就是降解木质素，它们侵入木质细胞腔内，释放降解木质素和其他木质组分（纤维素、半纤维素、果胶质）的酶，导致木质腐烂成白色海绵状团体。

该菌一般存在于培养料中，空气中也有孢子散布。菌落在适宜温度下（24℃）进行组织培养，菌丝长势旺盛、白色。培养后期产生孢子，形成白色粉末状物遍布全平板（图 3-16）。

该菌菌丝生长迅速，初期为洁白小斑块，之后迅速连成一片，呈现白粉状，前期和黑木耳菌丝很相似，但后期局部为灰黄色。一周左右即可长满菌袋。放置几天后，菌袋松软缩小，培养料消耗明显，失去利用价值。

图 3-16　黄孢原毛平革菌及受其侵染的菌袋

1. 木耳产生面包菌的原因

（1）灭菌不彻底。培养料（木屑）中含有大量的面包菌孢子，在蒸锅灭菌时因温度未达到 100℃以上或温度已达到但灭菌时间不够，导致培养料中的面包菌孢子没有被杀死。特别是培养料中有干锯末时易出现此问题。相对湿锯末，干锯末热传导速度慢，在同样的 100℃温度和 8 个小时内，湿锯末内部能达到 100℃，而干锯末内部达不到 100℃，其内部的面包菌孢子不能完全被杀死。

（2）菌室问题。接菌后菌种生长期出现面包菌，主要是接菌后 15 天内的菌室高温高湿、不及时通风排潮引起的，或由于环境中这种杂菌过多，在接菌时带入引起。

（3）高温缺氧。菌丝长满菌袋后出现面包菌，是菌丝体长期处于高温缺氧状态中，生命力较弱，后期感染病菌引起。

2. 防治措施

（1）菌室消毒。春秋耳三级菌培养前 7～10 天，应对菌房的墙壁、板架、过道、天棚以及菌房的周围环境进行均匀喷雾杀菌，并趁着高温高湿的环境再进行烟雾熏蒸杀菌。但三级菌培养前 1 天，菌房必须保持干燥。

（2）无菌操作。接菌要严格无菌操作，防止杂菌进入菌袋、菌室，棉塞一定要干燥，装袋、接菌、运输、上架等过程中要注意操作，避免扎破菌袋。

（3）蒸锅灭菌。拌料均匀，水分浸透，在蒸锅灭菌时温度要达到 100℃以上保持 8～10 个小时。菌袋进屋培养菌丝期间，在开始半个月内要高温养菌（30℃）时，必须及时通风排潮；待菌丝透出后，将温度降到 22℃左右进行培养，但也必须进行通风排潮、增加氧气。

（4）药剂预防。菌袋进屋培养后的 20 天内，每装 1 万个菌袋的空间使用杂菌气杀净 50～100 克（5 包×10 克），分别倒入 5～10 个广口器皿中进行预防，4～5 天换一次药。

八、根霉

根霉（*Rhizopus*）与毛霉同属接合菌纲毛霉目，分布于土壤、空气中，常见于淀粉食品上，可引起霉腐变质和水果、蔬菜的腐烂。无性繁殖产孢囊孢子，有性繁殖产生接合孢子。根霉的孢子囊和孢囊孢子多为黑色或褐色，有的颜色较浅。代表种有米根霉（*R.oryzae*）、黑根霉（*R.nigrican*）等。

根霉和毛霉的形态及生理要求相似，菌丝较长，主要区别在于根霉有假根和匍匐枝，与假根相对处向上生出孢囊梗。孢子囊梗与囊轴相连处有囊托，无囊领。生长初期，毛霉的菌丝呈浅白色，根霉的菌丝呈灰白色。在 25～35℃环境下，2～3 天后，其菌丝及假根长入培养基后向上伸出较长的孢子柄，菌丝顶端出现肉眼可见的黑色颗粒（孢子囊），用手一摸，会把手染成黑灰色。其危害主要是隔绝氧气、争夺养分和水、分泌毒素，影响木耳菌丝的生长（图 3-17）。

图 3-17　被根霉侵染的菌袋

根霉在潮湿和空气流通不良的环境中生长蔓延较快，其防治措施可参照木霉防治措施。

九、黑木耳黑疔病

黑疔病的病原物属于子囊菌门真菌一种未定名的炭团菌（*Hypoxylon sp.*），能产生子囊孢子和分生孢子。

子座呈球状、垫状、平圆形、浮出的垫状、半球形、球形或盾状，单生或汇合到一处，有宽或窄的附属物延至基物上，表面颜色为黑色。

子囊壳为球形、倒卵球形、管状或长管状；子囊里有 8 个孢子，子囊孢子为淡棕色、浅褐色、褐色、茶褐色或黑褐色；孢子外壁光滑或具刻纹。

炭团菌是阔叶树上一种常见的弱寄生菌，杂木屑上常带有该病原物。黑木耳耳芽形成前，炭团菌会从菌袋刺孔处侵入，侵染黑木耳菌丝体。高温高湿的气候条件有利于黑疔病发生。常因培养料灭菌不彻底，导致炭团菌在菌袋中存活，并初次侵染黑木耳菌丝体，之后产生炭团菌孢子随气流传播再次侵染，也可以通过浇灌水和通过刺孔处再次侵染菌袋。其侵染循环途径如图 3-18 所示。

1. 症状　黑木耳菌袋中长满菌丝体之后，菌棒表面会长出黑色的菌丝体，

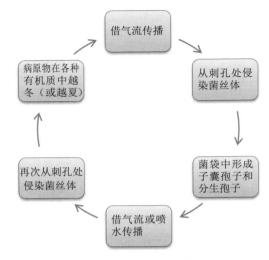

图 3-18　黑木耳黑疔病病原侵染循环途径

逐渐连成片，后期长出瘤状（黑疔）的子座，直径约 5 毫米，表面粗糙，质地坚脆，炭质，初期为咖啡色，后转为黑色。不规则的黑疔常互相连接成片，致使黑木耳菌丝生长受阻，无法长出耳芽。

菌袋被病菌侵染后，长出点状咖啡色、渐变为片状黑色的菌丝体，导致出耳困难，甚至不出耳（图 3-19）。

图 3-19　黑木耳黑疔病

2. 防治方法

（1）注意选袋。选用质量好的塑料袋进行栽培，避免料袋分离，否则菌袋内壁易形成空隙，产生积水，有利于病原物孢子侵染和萌发。

（2）喷雾状水。出耳期喷水时，应尽量喷雾状水，避免浇灌水反溅传播病原物。

（3）彻底灭菌。培养料应彻底灭菌，防止培养料带菌。

（4）集中催芽。采取措施集中催芽，避免耳芽形成之前遇到高温高湿的天气。

十、毛木耳油疤病（疣疤病）

油疤病的病原物是木栖柱孢霉菌（*Scytalidium lignicola*）和木耳柱孢霉（*S. auriculariicola*），属于子囊菌门、丛梗孢目、节格孢属（*Scytalidium*），对木耳尤其是毛木耳菌丝体具有较强的致病能力。木栖柱孢霉生长初期，菌丝颜色灰白，呈纤细状，紧贴培养基表面生长。生长至后期时，菌落逐渐转为黑褐色，出现发达的气生菌丝，会分泌黑色素。菌丝宽2～5微米，有隔膜和分枝，菌丝顶端产链状串生的厚垣孢子。

毛木耳油疤病仅发生在菌丝体阶段，而在子实体阶段不发生。毛木耳菌丝体生长期间极易被土壤栖居真菌木栖柱孢霉感染，导致毛木耳菌丝体迅速凋亡，使得毛木耳菌袋感染率达到40%以上、年减产率达到30%以上，危害十分严重。

1. 症状 病原物侵染毛木耳菌丝后形成深褐色、圆形或边缘不规则的病斑，质地硬实，表面有滑腻感，具光泽，病、健交界处有时会出现红褐色拮抗带。病原物在吊袋出耳的刺孔处侵染，形成边缘不规则的深褐色病斑，油疤病病斑呈近圆形，边缘明显（图3-20）。

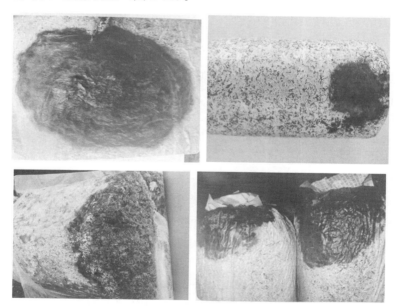

图3-20 毛木耳油疤病

病斑可以在菌袋内部出现，并迅速向周围蔓延。被病原物侵染的毛木耳菌丝凋亡，培养料呈豆渣状。

2. 发生规律 病原物在各种朽木和农作物秸秆等有机质上腐生生活。培养料灭菌不彻底时，玉米芯或木屑等栽培基质携带病原物，成为初次侵染来源。病原物通过浇灌水再次传播，也可以通过气流传播。病原物在毛木耳菌丝上可以形成大量厚垣孢子，厚垣孢子可以再次侵染其他菌袋，导致病害流行。

毛木耳油疤病主要发生在高温、高湿环境下出耳的黄背木耳产区，白背毛木耳品种对该病原物也没有明显的抗病力。耳棚中相对湿度高于90%、气温25℃以上以及通风不良，特别是浇灌或淋灌补水加湿时，会导致此病流行。

3. 防治方法　栽培结束后及时清理废弃栽培袋，去掉耳棚覆盖物，使栽培场所在阳光下暴晒，地面上撒生石灰进行消毒。耳棚应尽可能在顶端设置"人"字形的通风结构；耳棚周围的遮阳网或塑料薄膜可随时卷起，以利于通风。

选择厚度0.04毫米以上耐高压的聚丙烯塑料袋进行毛木耳栽培，避免菌袋在装袋、灭菌和搬运过程中出现破损。增加石灰用量至2%～4%，防止培养料酸化，抑制病斑扩展。改进喷水方式，尽量采用雾状喷头补水加湿。

配制培养料时，在不影响毛木耳正常生长发育的前提下，可适当提高石灰粉的用量，一般用量占3.5%左右。培养料的pH调整到7.0左右，能有效抑制病菌的生长，降低毛木耳油疤病发病率。

在毛木耳出耳期间，棚内温度控制在25℃以下，棚内湿度保持在85%～90%，及时通风防止湿度过高，可减轻毛木耳油疤病的发生。

菌袋划口催耳前，应使用漂白粉700倍液、5%饱和石灰水或70%美帕曲星可湿性粉剂200倍液进行泡袋消毒，之后再进行划口。每次采耳结束后第一次喷水时，都应在水中加入消毒剂。

毛木耳油疤病发病前用50%咪鲜胺锰盐300倍液进行菌袋喷雾处理，可有效防止病菌侵入。

在菌袋已经出现病斑时，先用消毒刀挖除病斑及周围1～2厘米的培养料，然后按1∶250的比例将50%咪鲜胺锰络合物可湿性粉剂与干细土拌匀，加少许水搅拌成稀泥状，涂抹在挖除部位，可抑制病斑扩展。

十一、毛木耳蛛网病

1. 症状　蛛网病发生在子实体阶段，在耳片背面和腹面均可出现症状。病斑初为近圆形，中央部分有白色稀疏菌丝，耳片腹面的病斑边缘常有水渍样环状晕圈；后病斑逐渐扩大，并相互连接成片。耳片背面病原物的菌丝更加浓密，常呈网状或粗丝状，耳片色泽变浅。通常耳片基部易出现病斑，导致耳片基部萎缩，严重时菌袋之间的耳片被病原物覆盖，且相互连接成片，背面出现近圆形白色霉斑。近地面的菌袋上耳片易感染，形成明显的发病中心（图3-21）。

图 3-21　毛木耳蛛网病

2. 病原物　病原物属枝葡霉（*Cladobotryum cubitense*），有性型为寄生属真菌，属于真菌界、子囊菌门、粪壳菌纲、肉座菌目、肉座菌科，主要有嗜菌枝葡霉（*C. mycophilum*）、树状枝葡霉（*C. dendroides*）、异形枝葡霉（*C. varium*）、古巴枝葡霉（*C. cubitense*）、半圆枝葡霉（*C. semicirculare*）和凸出枝葡霉（*C. protrusum*）等，发病部位会产生大量单细胞或多细胞的分生孢子。

枝葡霉真菌孢子梗大多产自气生菌丝，一般轮生，末端长出 3～4 个产孢细胞（瓶梗）；瓶梗多锥形，不同种类的枝葡霉形状和大小不同；多数种分生孢子全裂发育，开始为单细胞，通常再经历 1～2 次有丝分裂后出现 1～3 个隔（2～4 个细胞）；分生孢子透明，从柱状、球状到近球状、棒状等，有时轻微弯曲，基部有明显疤痕；在人工养殖后期，很多种枝葡霉可产生深色、薄壁的微菌核和厚垣孢子（图 3-22）。

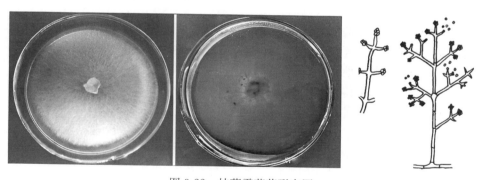

图 3-22　枝葡霉菌落形态图

3. 发生规律　蛛网病通常发生在 6 月下旬，高温高湿条件下发病严重。在墙式码袋栽培时，靠近地面的菌袋耳片发病较重。具有明显的发病中心，在环境条件适宜发病时，病害迅速由发病中心向四周蔓延。耳房卫生条件差、染病耳片没有及时清理时发病较重。

毛木耳蛛网病的传播途径：大量有害分生孢子通过物理接触而释放，通过气流、水流、人员走动、机械操作、菌蚊携带等迅速传播。

毛木耳蛛网病侵染循环途径如图 3-23 所示。

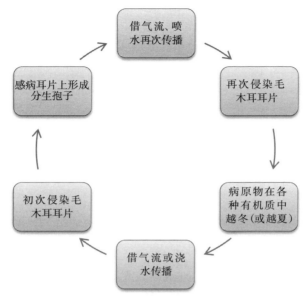

图 3-23　毛木耳蛛网病侵染循环途径

4. 防治方法

（1）选用抗病品种和优质菌种。选用抗病品种可显著减少病害的发生，从而做到不用药或少用药。栽培时，使用菌龄适中，未退化、未老化的菌种，食用菌菌丝体和子实体的活力强，可以减缓病害症状发展。

（2）做好耳房及环境的卫生与消毒工作。耳房内及其四周要做到无积水、无垃圾；注意耳房场地卫生管理，耳房内部要清洁、卫生，无残料留存；做好防虫工作，杜绝昆虫传播病菌孢子；及时摘除感病的耳片，摘除时，可以先用塑料袋套住耳片，再进行采摘，防止病原物传播。

（3）加强管理。注意耳房通风管理，控制喷水量，避免出现高温高湿。必要时，可在发病耳房地面撒一层生石灰。

（4）使用杀菌剂。对几种枝葡霉真菌毒性较强，同时对宿主木耳毒性较弱的化学杀菌剂主要有咪酰胺锰盐（商品名称为施保功）、多菌灵、异菌脲和苯菌灵等。在病害发生期间、采收后和栽培结束后，用这些药剂对病灶部位和耳房内外进行喷洒处理，能有效减少蛛网病的发生和发展。

十二、黑木耳白毛病（白毛菌病）

1. 症状　白毛病症状主要出现在耳片腹面，会形成一层白色网状霉层。病原物菌丝较浓密，不易与耳片分离，霉层主要分布在耳片中心部位或基部近耳根处。一般在菌袋靠近地面处的耳片先发病，之后向上部耳片扩展，严重时菌袋靠近地面的耳片会全部染病（图3-24）。

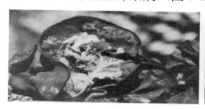

图 3-24 黑木耳白毛病

耳片腹面形成白色网状霉层，遇高温、高湿环境条件，白霉逐渐增多、增厚，导致耳片腐烂，失去商品价值。

2. 病原物 引起黑木耳白毛病的病原物是半知菌镰刀菌属厚垣镰孢霉（*Fusarium chlamydosporum*）和尖孢镰刀菌（*F. oxysporum*）两种真菌。

厚垣镰孢霉菌丝体初呈白色，气生菌丝发达，菌丝蓬松但茂密，呈棉絮状，菌落距接种点中心约2厘米的四周一圈隆起的白色黏孢团。菌落背面由四周至中央呈现浅黄色至黄褐色；产分生孢子，分生孢子梗长，单瓶梗，小型分生孢子量大，呈卵圆形至矩圆形，大型分生孢子由气生菌丝或分生孢子座产生，或产生在黏孢团中，呈镰刀形或纺锤形；厚垣孢子间生、串生。

尖孢镰刀菌生长速度快，25℃培养6～7天，菌丝长满培养皿，气生菌丝白色致密，菌丝有隔，绒毛状至卷毛状，菌落中心突起成絮状，有的菌丝呈现卷毛状直立，菌落呈紫色，菌落边缘高3毫米左右，粉白色略带紫色，后期产生黏孢团，生成大量孢子而呈粉质。平皿背面紫褐色，颜色不均匀，随菌龄延长基质颜色加深。小型分生孢子着生于单瓶梗上，常在瓶梗顶端聚成球，卵形至椭圆形，平直或弯曲；大型分生孢子镰刀形，少许弯曲；厚垣孢子间生或顶生，球形。

3. 发生规律 该病主要发生在黑龙江、吉林和辽宁等地的夏季黑木耳代料栽培产区，一般在盛夏高温高湿季节发生，6月底至7月初为发病高峰期。病原物主要来自土壤有机质，通过浇灌水反溅到耳片上，在耳片腹面积水严重的中心部位或耳根近基部侵染，影响耳片生长。一般靠近地面的耳片发病较重，菌袋上部耳片发病较轻。通常耳片较大、菌袋摆放较密集，尤其是出耳期遇到高温高湿天气时，发病较严重。

侵染循环途径如图3-25所示。

4. 防治方法

（1）菌袋之间保留3～5厘米距离，避免摆袋过于密集。

（2）选择通风较好的地方作为出耳场所，避免地表积水，做好清洁卫生工作，地表摆袋前撒上一层生石灰。

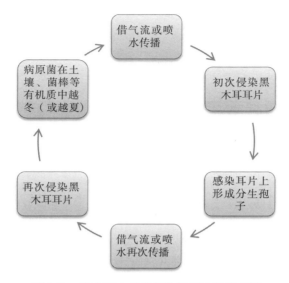

图 3-25　黑木耳白毛病侵染循环途径示意图

（3）避免高温期出耳。

（4）尽量采用微喷方式进行补水增湿；尽量避免浇灌水反溅传播病原物。

5. 注意事项　该病害危害可使木耳产量下降 20％～30％，售价降低 40％～50％。受害部位耳片发黄，受害严重时可导致黑木耳耳片腐烂。染病耳片晒干后，白色霉状物依然存在，极大影响耳片的商品价值。

十三、毛木耳黏菌病

1. 症状　耳背面出现毛发状孢子囊，深棕褐色，簇生，孢子囊下耳片表面呈灰白色（图 3-26）。

图 3-26　毛木耳黏菌病

2. 病原物　病原物为菌物界黏菌门发网菌属的一种未定名黏菌（*Stemonitis*

sp.），其营养体是一团多核的没有细胞壁的原生质团，子实体深棕色或深褐色，圆柱状，簇生。

病原菌为黏菌，属真菌界，黏菌门，发网菌属（草生发网菌）、绒泡菌属和煤绒菌属。

黏菌是一类和真菌不同的菌类，它的最大特点是营养体无细胞壁，呈变形体结构，生长扩展迅速，具有突发性，往往一夜之间原生质团就布满菌棒和耳片，静观胶黏物隐约可见其在爬动延伸，俗称"鬼屎""菌虫"等。原生质团成熟或经阳光照射后，逐渐干缩，色泽变暗，形成由大量褐色孢子构成的子实体。子实体包被裂开后，经气流、溅水、昆虫等作用，孢子四处飘散，病原菌体自行缓慢消退。黏菌可分为营养体和子实体两部分。营养体为双倍体多核非细胞结构的原质团，或称变形体等，营养体生长过程中可分泌多种外酶，使菌肉组织水解胶化而引起发病。

3. 发生规律　耳房中高温高湿，菇蚊和菇蝇发生严重时，此病发生较重。病原物孢子借气流、雨水、喷灌水或害虫活动传播。

4. 防治方法

（1）注意选种。选用无污染、无异味、生命力强和菌龄适中的高质量菌种，瓶口或袋口要求棉塞干燥、无污染。菌种含水量要适中，不宜太湿。

（2）精选耳房。选择无黏菌病史的场地作耳房。培养地环境要清洁卫生、干燥，四周排水沟要顺畅，通风良好。加强露地阳畦、耳棚地面的消毒处理。

（3）处理培养料。培养料要求新鲜、干燥，并使用清洁水源调料。

（4）水分管理。出耳期菌床要采用干湿交替的清洁水分管理，有条件的可采用微型喷雾器或采用背负式喷雾器喷水保湿，以防地面过湿导致病菌生长。要防止积水，尤其是在菌丝衰退的后期。耳房或耳场要适度透光并具备良好的换气条件，春、夏、秋季，要防止出现高温闷湿的生长环境。

（5）培养料要进行高温灭菌处理。

（6）注意通风。出耳期间气温超过25℃时，耳房通风次数最好为早、中、晚各1次。

（7）采收后处理。采收后的菌袋要清除残留物，同时停止喷水、注意通风，让菌丝休养生息后再进行喷水催蕾出耳。

（8）处理病菌。菌袋发病后，应停止喷水、加强通风，并撒施石灰粉。子实体发病初期，待采收完后用50%多菌灵可湿性粉剂或70%甲基托布津加100～200国际单位链霉素1∶500倍液喷雾1～2次，或将200国际单位青霉素和浓度为0.15%的美帕曲星混合使用，防治效果很好。注意用药前先摘除被黏菌感染的子实体，喷药后停止喷水3～5天，加大通风量，降低温湿度，连续用药 2～3 次，每次要把菌袋料面和菌袋口部内外边塑料薄膜上生长的黏菌均匀喷湿。对于感染严重的菌袋要及时剔除，深埋或烧毁处理。

十四、黑木耳青苔病

病原为水生藻类植物，色翠绿、细如丝，多生长于河流内或潮湿地上。当摆放菌棒的大田遭连续阴雨 7 天以上，雨水从排气孔处渗入基料，会在底部积聚滋生青苔。青苔同木耳菌丝争抢养分并分泌毒素，导致菌棒菌丝退化、变软、变黑、报废（图 3-27）。

图 3-27　黑木耳青苔病

1. 侵染途径　①喷棒水源不洁净，水中带有青苔杂菌。②重茬未更换品种，场地青苔杂菌的孢子较多。③场地通风不良，高温高湿诱发染病。④菌棒在大田中受阳光照射少，特别是遇 7 天以上连续阴雨天。⑤菌棒放气偏早未生理成熟，未变乳白色。⑥低海拔高温（≥32℃）养菌，发生料中心烧菌现象。⑦菌棒下田 10～15 天未倒头处理。⑧菌种老化，抗性弱。

2. 防治方法

（1）防高温烧菌。木耳菌丝生长适温 22～26℃，菌棒料温较室温高 2～3℃，故标准培养室温度应调至 20～23℃为宜。另外在高温环境下（28～30℃）木耳菌丝生长力弱、不丰满、易老化，易形成外强内弱菌棒，抗逆性差，排气后遇连续阴雨陡降温（温差 15℃）极易发生青苔病。

（2）后熟养棒。木耳菌丝布满菌棒时，只完成了营养生长，未达到充分生理成熟，菌丝娇弱，不粗、不壮、不丰满，还需根据气温变化灵活后熟处理 10～15 天，看见菌棒有米点大小原基出现再打孔排气。排气标准：菌棒变软，菌丝从青灰色变为乳白色。

（3）避害催芽。菌棒排气后最佳养菌期应为 3～10 天，如超过 10 天，排气伤口在无阳光紫外线消毒的情况下易感染。

（4）出耳场选择。应选向阳，周围开阔，没有遮阳物，地势平坦，土壤湿润、不积水、排水方便并远离畜禽圈舍的地方建立出耳场。出耳场应地下水源丰富洁净无污染，pH≤7，空气新鲜，无尘土污染。耳床在摆袋前要用石灰水粉消毒，分别对棚架、过道、耳床进行喷洒，并在床面铺一层地膜或稻草防泥土粘耳。

（5）菌棒出耳干湿管理。全光露地栽培，晴天分早晚喷水，下午太阳快落山时喷水，初耳期每天喷水 20～30 分钟即可。耳片长至拇指大时每天喷水40～60 分钟，使耳片展开达到饱和为止，含水量为 90％～95％。第二天黎明再喷洒一遍，白天不要喷水，会致使耳片腐烂、质量下降、减产严重。如持续高温，晚间也要停水，让耳片自然干燥，直到自然降雨、温度降低时再开始喷水管理。阴天可全天喷水，待子实体长至五六分成熟时，应停水养菌，待菌棒含水量明显降低时，再开始喷水管理。

（6）注意栽培时段。黑木耳最佳栽培时段是菌棒在中秋节前下田，躲开当地秋季、雨季，并利用充足阳光消毒。

（7）注意菌袋对污染的影响。菌袋质量同样关系到出耳性能与抗感染力，优质袋贴附性好，能随菌棒收缩而收缩，不易出现壁耳。厚薄不均、有沙眼的菌袋应坚决不用。栽培主料木屑最好发酵软化 30～60 天，减少刺袋概率，装料后发现刺眼袋一定要用胶布贴牢。菌棒装料应把控好松紧适度，装料过松菌丝生长弱、易老化，易排气后出现袋料分离而发生青苔污染；过紧则透气性差、灭菌难、发菌慢，菌丝长势不强，同样污染率偏高。

十五、核桃肉状菌病

核桃肉状菌（*Diehliomyces microsporus*），又名狄氏裸囊菌、块菌，属于真菌类、子囊菌亚门、散囊菌目、裸囊菌科、假块菌属。菌丝白色粗壮，有分隔、分枝；分生孢子串生或单生；菌落初为白色，之后转为黄白色，有时形成浓密的菌丝束。子囊果由一团疏松交错的菌丝组成，初为奶油色，老熟后为红褐色。菌体形状不规则，表面的网状皱纹似核桃仁，直径 1～3 厘米，群生。子囊排列不规则，短而宽阔，内含 8 个子囊孢子。子囊孢子无色，近球形，且圆形光滑（图 3-28）。

1. 传播途径　核桃肉状菌孢子通过土壤、覆土材料、菌种、培养料、设备、空气、水等传播，高温、高湿的环境条件极易造成核桃肉状菌病害传播蔓延。

核桃肉状菌性喜高温，菌丝生长最适温度为 26～30℃，适宜含水量为60％～70％，空气湿度 95％，pH 4.5～6.5，高温、高湿有利于该菌发生。10℃以下或 35℃以上不能生长，子囊孢子生活力极强。

图 3-28　核桃肉状菌

2. 发生规律

（1）耳房连用。老耳房多年连续使用，病原菌基数较高，且耳农多年习惯使用同一品种，品种抗病能力较低，是发生病害的主要原因。

（2）管理不当。耳房长期通风不良，又长时间处于高温、高湿；培养料偏湿或发酵不均匀、不彻底；水源不清洁；菌种质量不好、生长势弱、带有病菌，培养料偏酸等极易造成该种病害暴发。

3. 防治方法

（1）搞好环境卫生。耳棚（房）要严格消毒处理：按每平方米用高锰酸钾5克、甲醛10毫升密闭熏蒸，2天后开启通风即可使用，或耳棚（房）内外用金星消毒液50倍液进行全方位的消毒处理。

（2）挑选优质菌种。严格检查菌种，发现菌种中有过于浓而短的菌丝、有一粒粒核桃肉状的东西、有漂白粉气味的坚决不用，且应及时销毁以防扩散。

（3）推迟播期。发生过核桃肉状菌的耳棚（房），在秋播时尤其要注意适当推迟播种期，当温度稳定在25℃时开始播种，在逐渐降温的季节播种出耳是比较安全的。

（4）合理配料。在发酵料中增加过磷酸钙和石灰粉的用量，以降低培养料的pH，避免偏酸或偏碱。生产中一般将pH调为7.5～8，最高不超过8.5，这样不易发生核桃肉状菌。

（5）要严格消毒。培养料要进行严格消毒处理。

（6）加强通风。加强通风是有效的防治措施。菌丝培养期间，如外界气温高，可在早、中、晚通风3次；如外界气温低，可中午通风1次。每次通风时间保持在20～30分钟，保持大棚、日光温室相对湿度为60%～65%，不超过70%。

（7）化学防治。使用化学药剂应遵循最低限度原则，交替使用多种杀菌剂，以免产生抗药性。一旦发病，耳房应立即停止喷水，加大通风量，并直接喷洒 800 倍 50％多菌灵可湿性粉剂。如发病严重，可适量撒施石灰粉抑制病斑扩大。注意：石灰粉不要与其他药物同时使用。

十六、细菌性病害

1. 黄水病 该病在木耳生产和菌丝培养阶段均可发生。发病初期木耳菌丝能正常生长，但表现为末端生长不整齐或有明显的缺刻；中、后期随着细菌的繁殖，木耳菌丝停止生长，并在袋壁或料面产生黄色分泌物（黄水），最后导致多种真菌（如木霉、青霉）的继发感染，菌棒发生腐烂（图 3-24）。

图 3-29　黄水病

（1）病因分析。该病主要由乳酸菌和芽孢杆菌等一大类耐热性细菌感染引起，感染原因主要有：

①菌种隐性带菌。

②料袋接种时，无菌操作不规范。

③培养料灭菌不彻底。

④培养基中淀粉和蛋白质过高。

⑤培养过程昼夜温差、阶段性温差过大发生冷凝水沉积，导致细菌感染。

（2）防治对策。

①选用菌丝末端生长整齐、菌丝密集、分布均匀、无缺刻、无黄水、适龄的菌种生产菌棒。

②接种时严格执行无菌操作规程。

③培养料严格按规定配方，避免加入过多的富氮物质（如麸皮）或粮食类原料。

④培养过程中保持恒温。

2. 流耳病

（1）症状。耳片呈自溶态变成胶质状流体流下。症状一般从耳片边缘开始出现，逐渐向耳根发展，最后使整个耳片变成胶质流体（图 3-30）。

（2）原因分析。该病由多种细菌引起。耳房温度超过 25℃、高湿度、通风不良、喷灌水不洁、害虫侵食等也是重要诱因。

（3）防治对策。

①选择气温 25℃以下天气排场。

②采用无污染的深井水、山泉水或溪水喷灌。

图 3-30　流耳病

③采用干、湿交替法补水，加强通风。

④耳场使用前杀虫、灭菌，出耳过程中保持出耳场地的清洁。

⑤耳片成熟后及时采收，清理耳根。

⑥出现流耳时，要及时清理病耳，停止喷水，用石灰粉杀菌。

十七、木耳病毒病

木耳病毒病又称木乃伊病、顶死病、法兰西病害，木耳、蘑菇、平菇、草菇、茯苓和银耳等可能感染。

1. 病原物　木耳病毒病的病原是病毒。

2. 症状　木耳病毒病的症状表现为菌丝体生长缓慢、稀疏，变为褐色，出耳数量少，分布不均匀。已长出的耳体畸形。严重时菌丝体逐渐腐烂，在菌棒上形成无耳区。

据测定，木屑培养基中带病毒木耳菌丝的纤维素酶、半纤维素酶和木质素酶的活性比正常菌丝弱。带病毒菌株对木屑培养基中的纤维素、半纤维素和木质素的降解能力都低于正常菌株，这是带病毒菌丝生长缓慢和菌丝紊乱的生理基础。

3. 传染途径　感染病毒的菌种传染；带病毒的孢子传染；接触过培养料中带病毒的菌丝体、带病毒木耳的手和工具，再接触健康的菌丝体、木耳，会传染病毒病；培养料中菌丝体相互连结的特性，会引起病毒病向周围健康菌丝体蔓延。

4. 防治方法　对木耳病毒病，目前还没有有效的药物可以治疗，故主要采取预防措施。

（1）更换菌种。对已知患有病毒病的菌种，不能再用于生产，要及时更换不带病毒的菌种。不能从发生病毒病的耳房中挑选子实体用来进行组织分离制取母种，再用于生产。

（2）高温杀菌。对需要保存的带病毒母种，可在35℃条件下处理3个星期杀死病毒，此法适用于高温型耳类。

（3）进行隔离。耳房与耳房之间要加大距离；要及早摘除病耳，不让其产生带病毒的孢子，预防孢子通过气流传播病毒病。

（4）提前消毒。每次栽培前，对耳房、床架、工具用甲醛熏蒸、消毒，标准为每100平方米面积用甲醛1千克。

（5）清洁工具。出耳期间，采摘过有病毒病耳的手和工具，不要去采收健壮耳，要用0.1%高锰酸钾消毒。

（6）改善环境。对发生病毒病的耳房，要加强管理，创造良好的水分、养分、通风、光照和温度等适宜的生长条件，使子实体健壮生长。

（7）栽培后消毒。栽培结束，对耳房、工具、床架等用甲醛熏蒸消毒，标准为每100平方米用甲醛1千克。发生病毒病的菌棒，用70℃蒸汽消毒12小时，并及时妥善处理，切勿堆放在耳房周围。

（8）注意选种。在挑选菌种时，应选用抗木耳病毒病品种。

十八、木耳段木栽培常见杂菌病害

段木栽培是木耳栽培的传统和重要手段。近年来由于集约栽培而又缺乏防治措施，害菌种类增多、蔓延加快、为害甚大。据调查，我国在木耳方面每年因杂菌病害所造成的损失一般占 10% 以上，严重的地方高达 90%。现介绍其中常见的几种杂菌病害及其防治措施。

1. 常见杂菌病害

（1）干朽菌病。干朽菌（*Gyrophana lacrymans*），又叫伏果圆炷菌、泪菌，属于非褶菌目、皱孔菌科、干朽菌属。子实体平伏，近圆形、椭圆形，有时数片连接成大片，一般长宽 10～20 厘米，相互接连可以达 100 厘米，肉质，干后近革质。子实层锈黄色，由棱脉交织成凹坑或皱褶，棱脉边缘后期割裂成齿状。子实层边缘有宽达 1.5～2 厘米的白色或黄色具茸毛状的不孕宽带。凹坑宽 1～2 毫米，深约 1 毫米。担子棒状、细长，孢子浅锈色、椭圆形，往往不等边、光滑（图 3-31）。

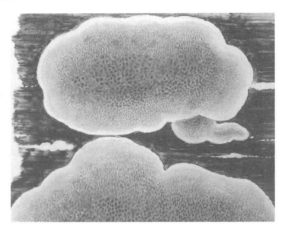

图 3-31　干朽菌

①症状。该病菌危害段木的内层和表面。子实体呈膏药状平铺，直径 5～15 厘米或更大，初期灰色，后为锈色，生长期蜡质或膜质，干后革质。

②发生条件。病菌孢子由空气传播。第 1 年 5～7 月侵染段木，菌丝伸入木材深处；第 2 年起 5—7 月表现症状，8 月干燥脱落而死亡。因内部菌丝受木头保护，故每年 5—7 月都会发病，导致木耳菌丝不能生长。27℃ 左右的温度和高湿度对病害发生有利。

（2）黑轮层炭壳菌病。黑轮层炭壳菌（*Daldinia concentrica*），为炭角菌目、炭角菌科、轮层炭壳属的一种真菌。黑轮层炭壳菌在基质的表面形成半球形或近球形的子座。初期，子座可能长出具有淡褐色分生孢子的表面层，分生孢子生长在分枝的分生孢子梗上。成熟子座的横切面为 5～10 厘米，坚硬、易碎、实心，暗褐色或黑色。在子座的纵切面上显示出明暗交替的以子座基部为中心的同心环状带，子囊壳在子座的表层内发育，子座表面有管孔。大量的子座组织可能起储水作用。子囊孢子主要在黑暗中释放。

①症状。受害段木最初从断面或创口处长出黄色菌丝体，并很快覆盖较大面积的段木；不久黄色菌丝体消失，表面留下褐色斑纹，内部病-健交界处呈黑褐色；之后逐步在病部出现黑色炭质团块。

②发生条件。病菌通常生长于死树上，在榉树和岑树上尤其普遍。子囊孢子随气流传到段木上，7 月至 8 月盛发，温度 20～25℃、相对湿度达 95％以上时，最适合发病。

（3）彩绒革盖菌病。彩绒革盖菌（*Coriolus versicolor*）属真菌界、多孔菌科，又叫灰白云芝、杂色云芝，是腐生真菌。子实体呈半圆伞状，硬木质，深灰褐色，外缘有白色或浅褐色边。菌盖长有短毛，无柄，有环状棱纹和辐射状皱纹。盖下色浅，有细密管状孔洞，内生孢子，管口面白色、淡黄色，管口每毫米 3～5 个（图 3-32）。孢子圆柱形，无色，面积 4.5～7×3～3.5 微米。云芝覆瓦状排列，相互连接，长 1～10 厘米。

图 3-32 彩绒革盖菌及被污染的段木

①症状。2～4 年的段木表面生半圆形或贝壳状的色彩多样的子实体，其背面有管孔。病菌对木材致腐力极强，发病段木上木耳不能生长。

②发生条件。自然界中病菌生活在多种阔叶树的朽木上，其孢子很容易传播到木耳生长的段木上。每年从梅雨季节到盛夏均可严重发生。当温度为 25～28℃时，如果相对湿度达到 85％以上，则有利于病害发生。

（4）朱红云芝。朱红云芝（*Polystictus cinnabarinus*），又叫朱红菌、朱红栓菌、红栓菌、朱砂菌、胭脂栓菌、朱红密孔菌等，属担子菌纲、多孔菌目、多孔菌科。无柄，半圆形，侧生在平木上。菌丝初为白色，很快变成红色，会分泌黑褐色素，分解木质素的能力很强，能引起木质腐朽松散。繁殖速度快，多发生在干燥的环境中。

子实体一般较小，扁半球形，扁平，无柄，新鲜时肉质松软，干后变为木栓质。菌盖直径2～11厘米，厚0.5～1厘米，表面橙色至红色，后期稍褪色，变暗，无环纹，有细茸毛或无毛，稍有皱纹。菌肉为橙色，有明显的环纹，遇氢氧化钾变黑色，管孔面红色，每毫米2～4个。此菌的主要特征是子实体从外到内都是鲜艳的橙色至红色。

朱红云芝菌会引起木材腐朽，被侵害处开始呈橙色，后期为白色腐朽。在木耳栽培的段木上常出现此菌，属木耳段木栽培常见的杂菌（图3-33）。

图3-33　朱红云芝菌

（5）革耳。革耳（*Panus rudis* Fr.），又叫野生革耳、桦树蘑，属伞菌目、侧耳科、革耳属。子实体小或中等大。菌盖宽2～9厘米，中部下凹或漏斗形，初为浅土黄色，后为深土黄色、茶色至锈褐色，有粗毛，革质。菌褶白至浅粉红色，干后浅土黄色，窄，稠密，延生。柄偏生或近侧生，短，内实，长0.5～2厘米，粗0.2～1厘米，与菌盖同色，有粗毛。孢子无色，光滑，椭圆形。囊体无色，棒状（图3-34）。

图3-34　革　耳

革耳是木耳段木生产中常见的一种漏斗状杂菌，较耐干燥，在干燥场地的耳木上易发生。该菌幼嫩时可食，长老后就煮不烂，故被称为"八担柴"。革耳菌丝分解木质素的能力很强，能引起木质腐朽松散，在木耳栽培的段木上常出现此菌，危害严重，也是可食菌段木上常见的杂菌。

（6）褐轮韧革菌。褐轮韧革菌（*Stereum* sp.），俗名金边蛾，属担子菌纲、多孔菌目、革菌科。该菌喜阴湿、厌晴干，生长速度缓慢，持续时间长，需光又厌光。光照对褐轮韧革菌子实体的形成有显著促进作用，对子实体生长有抑制作用，因此，选择阳光充足的耳场，可减缓褐轮韧革菌子实体蔓延速度，从而减轻对黑木耳的危害程度。耳杆（树皮）破损处最易染菌，因此最大限度减少耳杆树皮破损，选择最佳播种期，促使木耳菌丝尽快定植蔓延，是预防害菌侵染的重要措施之一。

症状。初期该菌子实体革质，平伏于耳木表面；后期边缘反卷，往往相互连接成覆瓦状，基部突起，边缘完整，菌盖表面有茸毛，里褐色，边缘浅灰褐色（图3-35）。有数圈同心环沟，外圈茸毛较长，成熟后逐渐变得光滑并褪至淡色。该菌是木耳段木上普遍发生的有害菌，严重时可使木耳绝收。该病与菌丝生长时多雨及段木含有较多水分有关，子实体的形成与阳光直射在段木上有极显著的关系。

图3-35　褐轮韧革菌

（7）牛皮箍。常见的耳木上有黑、白两种，黑的呈栗褐色，白的为笋片色。牛皮箍的发生特点是紧紧贴生于耳木上，状似贴膏药，边缘不翘起，凭此可与金边蛾杂菌区别（图3-36）。牛皮箍是一种较为严重的危害木耳的杂菌，阴湿、连雨天气下容易发生，严重时贴满耳木，引起耳木粉状腐朽，被害耳木不长耳芽，为段木栽培黑木耳过程中的一种毁灭性病害。

防治措施。耳木避免阳光直射，耳堆注意通风换气，加强管理，做到勤翻杆、勤洒水、勤除草，剔除荫蔽过大的树枝、灌木，雨后要特别注意清沟排渍，严防耳场积水。及时用小刀把菌体及附近被腐蚀的木质刮除，刮削的伤口可用 3%~5% 来苏水涂刷，抑制杂菌蔓延。感染严重的要及时剔除，送到耳场外焚烧或掩埋。

2. 木耳病害通用防治方法

（1）耳场防阴湿。把耳场选择在阳光充足，控水条件较好的坡地或平地；适时伐木，在树木萌动前、休眠后砍伐，此时气温低，不利于病菌入侵；尽量保护好段木树皮，用石灰水对截口消毒。

（2）提高接种成活率。选择优良黑木耳菌种，力争在气温 5~8℃ 的雨后天晴、风小的上午进行接种。接种时要深打孔，菌种呈块状放入孔内，及时用适当的薄盖密封接种孔并上堆发菌。调控堆内温湿

图 3-36　牛皮箍

度，使接种后的黑木耳菌丝尽快在段木上定植蔓延、布满菌棒。

（3）严防杂菌病害孢子侵入。每年的梅雨季节，杂菌病害孢子大量弹射，这时排晒中的耳棒必须做到雨后天晴时勤翻杆调头，严防耳棒长期处于过湿状态，以免杂菌病害孢子侵入耳棒。

（4）调控耳棒小气候。起架后的耳棒，尽量呈南北向排放，使耳棒受到较均匀的阳光照射。雨后要及时翻杆换头，除去耳场内的杂草。

（5）及时除杂。当发现耳场内有杂菌病害的子实体时，如果是局部发生病害的轻病木，可采用部分挖除等方法及时除去杂菌病害的子实体，用 1% 代森锌消毒伤口；重病段木立即搬离现场，减少有害菌传播，并把子实体埋入土内或用火烧掉，以减少孢子弹射，避免侵染其他耳棒。

（6）成熟后工作。木耳成熟后要及时采收，并做好收耳后清理工作和越冬耳木管理。

第二节　木耳生理性病害及其防治

当生态环境条件不能满足木耳发育所需的最低要求时，就会出现生理代谢性障碍使木耳畸变，这属于非侵染性病害。它在菌丝体阶段表现为菌丝萎缩或徒长，在子实体阶段则表现为畸形。大多数木耳生理性病害产生的原因基本相近。

一、菌丝徒长

主要发生在木耳栽培料上，俗称"冒菌丝"。这除了和菌种特性有关外（主要发生在气生型菌株上），常因栽培料的空气相对湿度过大、通风不良发生。遇到高温时，菌丝向上窜，在栽培料上形成十分浓密的"菌被"，使耳蕾窒息而死。

1. 病害症状　有些木耳常出现菌丝徒长现象，表现为菌丝持续生长、密集成团，结成菌块或组成白色菌皮，使子实体难以形成。

2. 主要原因

（1）环境因素。栽培管理不当，如出耳房高温、通风不良和二氧化碳浓度过高等均不利于子实体分化，会引起菌丝徒长。

（2）营养因素。培养料中含氮量偏高，会使菌丝进行大量营养生长，导致不能扭结出耳。

（3）种性因素。制作菌种时如用的母种属气生型菌丝，菌种转接过程中又挑选生长旺盛的气生菌丝，移接到腐熟过度、含水重达60%以上的培养料上，培养温度偏高（22℃以上）时，菌丝体往往会密布生长，甚至结成块状。这时就容易发生菌丝徒长现象。

3. 防治方法　培养料不应过熟、过湿；栽培过程中要加强管理，加强耳房通风，降低二氧化碳浓度，适当降温降湿，以抑制菌丝生长、促进子实体形成；如段木表面已形成菌块，可用刀划破菌块，及时划破或挑去菌皮，多喷水并加强通风以促进原基形成；培养基配比要合理，选择适宜配方防止氮营养过剩；优化制种、选种。

袋栽木耳菌丝徒长的防治：袋栽木耳菌棒表面不断长出浓密白色茸毛状菌丝，有的长后倒伏，倒伏了又长，导致菌皮逐渐变厚；有的甚至不倒伏，使转色不能进行。这就是木耳"菌丝徒长"现象。

出耳期间，要创造一个有利于子实体生长的环境条件。当木耳的菌丝浓白、已达2厘米仍不倒伏并出现参差不齐的菌丝时，掀开薄膜通气一至数天，直至栽培袋及四周不粘手时再盖上。后一天不必掀动，让料面水汽迫使菌丝倒伏而转色。仍不倒伏时，可再掀开薄膜，打开门和窗，待料面干燥后，用排笔刷一下，惊扰表面菌丝，迫使其倒伏转色。或者晾干后用5%石灰澄清水喷一遍，晾一晾，盖好薄膜，即可倒伏转色。

二、菌丝萎缩

栽培时，在发菌与出耳阶段常出现菌丝发黄、发黑、萎缩甚至死亡的现象，其产生原因十分复杂。

菌丝萎缩的具体原因与防治方法如下：

1. 高温烧菌 播种期气温高、培养料过厚、发酵后料温未稳定下降等原因，会使培养料内温度高于30℃。高温、高湿下，菌丝易发黄死亡，即出现"烧菌"现象。

防治：接种要避开高温期，接种时料温应稳定在25℃以下。接种后发现菌丝因高温而萎缩，应调节好培养料的湿度，重新接种。

2. 料内有氨气 氮肥添加量过多，或氮肥加入过晚，导致菌种接种后，培养料内存在氨气，会导致已萌发的菌丝"氨中毒"而死亡。

防治：培养料添加尿素等化学肥料时，要适量加入。发现料内有氨气，要进行翻料，并加强通风，待无氨味后再进行接种。

3. 培养料过干 若接种时培养料偏干，气候又干燥，菌丝萌发后会生长缓慢，细弱无力而萎缩。

防治：可在料面覆盖一层用0.5%石灰水浸泡过的稻草或麦秸，使菌丝重新萌发吃料。播种遇到干燥天气，播后3天应关闭门窗。采用层播加封面播种法更好。

4. 培养料水分过多 培养料含水量过多，又遇高温，或高温时喷重水而又没有及时通风，会使菌丝因供氧不足、活力下降而萎缩。

防治：装袋时注意控制水分，若装袋时发现料含水量过高，应摊开略加晾晒再行装袋。发酵好的料含水量以60%～65%为宜。对于后期喷重水引起的菌丝萎缩，进行通风可使菌丝恢复生长。

5. 菌种质量差 购种途中菌种受热，降低了菌丝活力；菌种没能及时使用，菌种老化，生长势变弱；播种后遇不良环境等。上述原因都会导致菌丝萎缩。

防治：选择适宜的培养料培育菌种，菌种应菌丝粗壮、萌发力强；购种时应避开高温天气；应避免用老化的菌种播种。

6. 虫害 主要害虫是螨类，其出现前期肉眼不易看到，会危害菌丝，使菌丝断裂而萎缩。防治方法见第四章。

三、畸形耳

1. 病因

（1）氧气不足。栽培环境氧气不足，二氧化碳累积量过高。因栽培品种不同，此病因产生的症状表现差异较大。毛木耳常产生似鸡爪的"鸡爪耳"；银耳常出现"团耳"；猴头菇则出现珊瑚状分枝（图3-37）。

（2）温度过低。栽培环境温度低于栽培菌类分化所需的最低温度。

（3）栽培环境的湿度过大。在密闭环境栽培木耳时，静止湿度达到饱和状态后，木耳会出现二次分化现象。

（4）其他原因。机械性损伤、出耳部位过低、压挤、碰损，以及耳房光线不足等，都可能造成畸形耳。另外病毒危害、药害及物理化学诱变剂作用等，也可导致畸形耳。

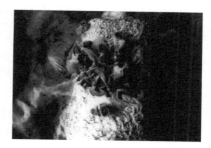

图 3-37　畸形耳

2. 防治方法　减少机械创伤，加强通风透光，防止病毒感染，正确使用有关药剂，避免药害影响，恰当选用诱变剂，筛选遗传性状优良的突变体。

四、死耳

死耳是指在出耳期间并无病虫危害，而从幼小的菌蕾到大小不等的子实体发生变黄、萎缩、停止生长而死亡。

1. 病因　出耳过密，营养供应不足，导致小耳死亡；高温、高湿、喷水重、通风不良，导致氧气不足，小耳闷死；喷药次数多引起药害，采耳不慎碰伤小耳等都会造成死耳。

2. 防治方法　针对以上原因，及早采取相应的措施加以避免。

五、退菌病

发生于菌棒发菌后期或后熟期完成刺孔后。表现为原来的浓白菌丝体逐渐变淡，料袋变松软，耳料脱壁、变黄，最后出现黄水。

1. 原因分析

（1）外界高温。菌棒培养后期，环境温度长时间超过 28℃，引起高温烧菌。

（2）菌棒自身高温。菌棒刺孔后，菌丝代谢活动旺盛，菌棒温度大幅度升高，引起高温烧菌。

2. 防治方法

（1）培养后期环境温度不超过 25℃，改耳袋"♯"形堆叠为"▽"形堆叠，并加强通风。

（2）选择气温 25℃以下时刺孔，刺孔后及时散堆，并进行强通风，或直接排场。

六、干孔病

耳袋刺孔后，孔内菌丝不能恢复，大量菌丝枯萎、死亡，刺孔处呈黑点状。

1. 原因分析 耳袋刺孔后直接排场，遇高温、大风等干燥天气，使得菌丝不能恢复。

2. 防治方法

（1）选择低温（20℃以下）、阴雨天刺孔。

（2）刺孔后在培养室内恢复 7～10 天，在气候适宜时排场。

（3）如刺孔后直接排场，需采取在畦沟内灌水或在畦床表面喷水的办法提高空间湿度，若菌棒排场后出现连续 7 天以上的高温晴热天气，可在离菌棒 2 米以上高处平行架起一层遮阳网，并朝菌棒喷少量洁净的雾状水保持刺孔口湿润，促使菌丝恢复。

七、袋壁耳

菌棒排场后，耳芽和成耳不在刺孔中正常出耳，而是在袋壁下大量形成耳芽，而后受杂菌污染导致菌棒腐烂。

1. 原因分析

（1）刺孔中菌丝死亡（见"干孔症"）。

（2）料袋装料时过松，造成料、袋脱开。

（3）菌棒培养时受高温或后熟过度，造成料、袋脱开。

（4）排场后温度不适（过高或过低），外界空气湿度过低。

2. 防治对策

（1）菌棒培养从前期（28℃以下）到后期（25℃以下）要逐渐降温。

（2）菌棒菌丝满袋后，后熟 7～10 天，在适宜气候下及时排场。

（3）在 20℃以下排场，排场后要通过在畦沟灌水或畦面喷水的方法提高空间湿度，保证耳芽正常。

（4）配制培养基时，保持含水量为 55%～60%。

第四章

木耳常见虫害及其防治

危害木耳的害虫约有 10 多种，其中危害严重的有 6 种，即菇蚊、瘿蚊、蚤蝇、螨虫、跳虫、线虫。这些害虫既是腐生生活又是寄生生活，它们能在木耳的培养基内取食培养基，随着菌丝的繁殖和耳片的形成，害虫又取食菌丝和耳片，成为木耳的终生害虫。木耳被害后，产生斑点、孔洞、缺刻、畸形、变色等症状。

危害：咬食菌丝体及子实体降低商品价值，导致减产或绝产，也是传播杂菌的媒介。

一、蚊类

危害食用菌的菌蚊有 10 多种，主要为粪蚊科的黑粪蚊（*Scatopse* sp.）、眼蕈蚊科的闽菇迟眼蕈蚊（*Bradysia minpleuroti* yang et zhang）、瘿蚊科的真菌瘿蚊（*Mycophila fungicola*）、菌蚊科的多菌蚊（*Decosia* sp.）等。它们危害木耳、平菇、凤尾菇、双孢蘑菇、草菇、银耳、猴头菇等多种食用菌。其幼虫多呈乳白或灰白色，似蛆，头黑色，咬食菌丝体，还可从子实体基部钻蛀，并伴有难闻腥臭味；成虫似蚊，飞行力强，产卵，传播杂菌，不直接危害子实体，趋光、湿、糖。

1. 种类

（1）尖眼菌蚊。尖眼菌蚊（*Bradysia minpleuroti*），别名眼菌蚊、菇蝇、菇蛆、菇蚊、闽菇迟眼蕈蚊等，属节肢动物门，昆虫纲，双翅目，眼蕈蚊科，尖眼菌蚊种。

成虫体长 2.5～3.5 毫米，褐色或暗褐色，复眼发达，触角 16 节，呈丝状。幼虫 5 龄，细长，白色，背部有黑线，头黑亮；高龄幼虫长 4.0～5.0 毫米。蛹褐色或黑色（图 4-1）。

图 4-1　尖眼菌蚊的卵、幼虫及成虫

①发生条件。尖眼菌蚊除了在冬季不发生危害外，在其他季节都有发生。喜在阴暗处腐烂杂草、垃圾和腐殖质上产卵繁殖，成虫具有趋光性。

②防治。保持环境清洁，在耳房通风口设立防虫纱；耳房使用前用药物熏蒸；采用黑光灯诱杀和药物诱杀；药物防治。

（2）多菌蚊。多菌蚊属菌蚊科、多菌蚊属，是危害多种木耳的重要害虫。幼虫营腐生和寄生生活，既能在培养料中生活，又能取食菌丝和耳体，是中温蘑菇中的终生害虫。老熟幼虫体长 4.0～6.0 毫米，白色或米黄色，头部黑色发亮。蛹为红褐色（图 4-2）。成虫是一种体形微小的黑蚊，体长 2.5～4.5 毫米，触角较长，翅膜半透明，善于飞翔，背部隆起。

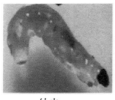

幼虫　　　　　　雌虫　　　　　雄虫　　　　　蛹

图 4-2　多菌蚊的幼虫、雌虫、雄虫及蛹

多菌蚊是一种耐低温性较强但不耐高温的蚊虫。每年的 9 月中旬，当耳房内温度稳定在 30℃以下时，受木耳菌丝气味的引诱，成虫飞入培养料中产卵，幼虫则取食菌丝，经 20 多天的时间完成一个周期。第二代的幼虫多在培养料有菌丝的地方取食菌丝和原基，并从幼耳的基部钻入耳体。随着耳体的生长，内部形成许多孔洞和隧道，严重影响木耳的产量和质量（图 4-3）。

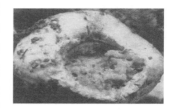

图 4-3　多菌蚊侵害的蘑菇

（3）瘿蚊。瘿蚊（*Diarthronomyia chrysanthemi*），又名菇蚋，是一种体形微小的蚊虫，属节肢动物门、昆虫纲、双翅目、长角亚目、瘿蚊科。

成虫体长 1.0～1.5 毫米，淡褐色，复眼大，触角 8 节，呈念珠状。翅宽大有毛，翅脉简单，足细长。卵长 0.22～0.26 毫米，初为乳白色，后变淡黄色。老熟幼虫长 2.0～3.0 毫米，橘黄或淡黄色，头尖，化蛹前中胸腹面有一突起剑骨，端部大而分叉。蛹淡黄色或橘红色，长 1.5～1.6 毫米（图 4-4）。

图 4-4　瘿蚊幼虫和成虫

瘿蚊喜高温，在 3—9 月大量发生，成虫具有趋光性，飞翔能力强，幼虫喜在潮湿环境中生长。

瘿蚊成虫不危害木耳，但成虫在培养料上产卵后，幼虫会取食菌丝体和子实体，使菌丝体断裂、衰退，变成黑色，原基不分化，幼耳受害后停止生长、干缩死亡。

2. 菌蚊的危害特点及发生规律

（1）危害特点。一是以幼虫侵害菌丝体或子实体，造成木耳产量下降或失去商品价值；二是虫体携带病菌和螨虫，使病害和虫害交叉感染，加重污染和危害程度。

（2）发生规律。每年春初越冬代成虫或幼虫开始活动，每年发生多代；温度在 16～28℃时，幼虫危害重、繁殖快。春、秋季各出现一个高峰期，秋季危害较重，交叉感染较多。以蛹或卵越夏，以蛹或幼虫形式越冬或无明显越冬期。成虫有趋腐性和趋光性，常栖于人类活动不易触及的砖缝等缝隙处和培养架高处。幼虫食性杂、适应性广，可危害多种食用菌，生活周期短、繁殖快，隐蔽性强，喜腐殖质，常集居于垃圾、废料、死菇等不洁之处取食。

3. 防治方法　菌蚊的无公害防治是以防为主、综合防治，以防成虫为主。以农业防治、物理防治、生物防治为主；慎重选择化学防治，必要时选用低毒高效无残留的食用菌专用杀虫剂。

（1）农业防治。搞好耳房内外的环境卫生，清除虫源。及时清除耳房内外的废料、垃圾、废弃的菌袋、枯枝落叶及砖石瓦块，必要时对耳房周围进行化学杀虫。耳房要远离仓库、饲料场、垃圾场等场所，耳房内要彻底清扫干净，特别注意砖缝、架子等藏匿害虫的地方，对这些地方喷洒菊酯类杀虫剂进行杀灭。培养料应该按要求严格处理。栽培室的门窗和通风洞口要装 70 目的纱网，防止成虫飞入产卵。出耳期，被害的耳蕾要摘除、收集，集中深埋或烧毁，不要随便丢弃。

（2）物理防治。利用成虫的趋光性，在棚内加高压静电灭虫灯或黑光灯诱杀成虫，在采光口悬挂粘虫板诱杀棚内双翅目害虫。

（3）生物防治。利用苏云金芽孢杆菌（*Bacillus thuringiensis*）防治耳房双翅目害虫，当耳房温度达 20℃以上时，防治效果达 80％以上。将苦楝树皮、叶或果熬成黄色液体过滤后，将熬制的原液在耳房菌袋、耳架及耳房空间中喷洒，防效可达 85％。

（4）化学防治。作为防治不及时、菌蚊发生较重时的补救措施，化学防治也必不可少。出耳期间选用菇虫净 1 000 倍液喷雾，每 4～5 天 1 次，共喷 3 次。成虫发生初期也可用 10％蚊蝇净烟剂熏杀，7 天后再熏 1 次，连续 3 次，基本可保证出耳期不受该虫危害。

二、蝇类

主要有黑腹果蝇（图 4-5）、菇蝇、菌蝇等。

卵　　　　　　　　　幼虫　　　　　　　　　成虫　　　　　　　　　成虫

图 4-5　果蝇的卵、幼虫及成虫

果蝇危害所有的木耳。幼虫取食子实体，钻蛀子实体形成蛀食隧道，受害后变红褐色（图 4-6）。

图 4-6　被果蝇侵害的蘑菇

蝇类的防治方法同蚊类。

三、螨

别名红蜘蛛、菌虱，常见的有粉螨（*Acaridae*）与蒲螨（*Pyemotes*）。蒲螨属蛛形纲、蜱螨亚纲、真螨目、蒲螨科、蒲螨属，形体微小，单体肉眼不易看见，淡黄色或褐色，喜群体生活，繁殖快，多时像一层黄色粉末覆盖在培养料上。粉螨属于蛛形纲、蜱螨亚纲、真螨目、粉螨亚目，是一种广泛分布于世界各地的小型节肢动物，体形比蒲螨大，单个行动，取食菌丝。危害我国木耳较严重的还有木耳卢西螨（*Luciaphorus aurlculoriae*），属于蜱螨目、前气门亚目、矮蒲螨科、卢西螨属。该属的特征是：雌螨的前足体与颚体间有一类似"颈"的囊状部分，额体可缩入前足体内，气门狭长，彼此远离，呈"V"形；胫跗节粗大，强烈骨化，顶端具一发达的爪（图4-7、图4-8）。

图4-7　螨

   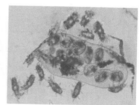

图4-8　不同的螨虫

　　螨类为害情况的日趋严重，正是人们近些年来进行大力治虫的后果之一。近些年来，随着工业的发展，农药的杀伤力日益增强，产量也日益增多。一些人为了杀灭各种作物上的害虫，大量甚至无限制地喷洒各种剧毒农药，使得抗药性较强的螨类幸存了下来，螨类的敌人却被农药杀死，如瓢虫、草蛉、蜘蛛、蓟马和一些捕食螨的寄生蜂等。

　　螨类取食菌丝和子实体，在木耳栽培整个阶段均可为害，无论是母种、原种还是栽培袋、耳片均可受害。其危害主要特点是：在菌袋内或耳片处，肉眼可见大量晶莹剔透的白色颗粒，球形，大小不一。这些颗粒是交配后的雌螨后半体膨大而成的球形体，卵就在其内发育为成螨。当卢西螨危害菌丝时，造成退菌，培养基发黄、发黏、松散，最后成褐色，没有养分也没有菌丝，整个菌袋报废。出耳期间，卢西螨聚集在耳背基部的皱褶里，耳片被其取食后变薄发黄、生长缓慢，最后萎蔫死去。

　　螨害造成菌丝退化，培养料黏湿，子实体生洞、腐烂、秃根，幼耳萎缩等现象。螨虫食性杂、生命力强，能营腐生生活和寄生生活，在猪、牛、鸡粪上都能发现。在栽培房的架子、墙角缝隙都会藏有休眠体。菇蚊、蚤蝇体也携带着螨虫。这些都是栽培期的虫源，且菌种也可能带螨。这几方面的虫源在发菌期内长期共同繁殖，会使菌丝很快被食尽，即所谓的"退菌"。在这种情况下，既无法补种，也无法用药防治，栽培失败。

螨虫喜在温暖、潮湿的环境中生活，25℃以上时繁殖较快。常潜伏在稻草、菌渣、米糠和棉籽壳中，于夏季危害菌种。

防治方法：

（1）保持栽培场所卫生。

（2）培养室、耳房使用前必须消毒。

（3）培养料要进行杀虫处理。方法包括：用3‰～5‰生石灰水浸泡培养料，然后用清水冲洗；高温堆积发酵；高温灭菌。在螨害严重的耳场，可考虑用"夏菇宁"处理培养料。

（4）杜绝菌种带螨。在一些管理粗放的菌种场，菌龄过长、高温过夏以及场地处理不干净，常会导致菌种中混有螨虫。在使用这些菌种时要注意检查，看是否有螨害症状。可喷入一些药剂，迫使螨虫爬出菌种瓶，用放大镜观察，如有螨虫则不予使用。

（5）确保二次发酵质量。二次发酵能有效地减少培养料和栽培房内螨虫的数量。

（6）注重出耳期防治。出耳期的螨虫防治，重在用速效性杀螨剂。在大耳采净后施用，间隔4～5天后重施一次。一般喷施3次后，基本上可减少螨虫对正常产量的影响，达到正常出耳的目的。

（7）发菌期间药物防治。发菌期间出现螨虫，可喷洒50%马拉硫磷、50%辛硫磷、40%三氯杀螨醇500倍液。

出耳期间有螨虫出现，可用磷化铝熏蒸或毒饵诱杀，不可直接喷洒在子实体上。磷化铝用量：每立方米空间用10克，片剂为3片。

四、跳虫

跳虫（*Poduridae*），非昆虫六足无翅低等小动物，繁殖很快，密集时形似烟灰，又称烟灰虫、弹尾虫，最常见的有紫色跳虫、黑扁跳虫、原跳虫、棘跳虫、疣跳虫、黑角跳虫等。属节肢动物门，六足亚门，内口纲，弹尾目。不完全变态发育，只有卵、若虫、成虫3个发育阶段。

跳虫终生无翅，仔虫酷似成虫，大多数种类分布于温带及极区。喜潮湿环境，以腐烂物质、菌类为主要食物，主要取食孢子、发芽种子。低龄若虫活泼，活动分散。成虫喜群集活动，善跳跃；若、成虫都畏光，喜阴暗聚集，一旦受惊或见阳光，即跳离躲入黑暗角落。成虫喜有水环境，常浮于水面，并弹跳自如。近距离扩散靠自身爬行或跳跃，远距离借风力、雨水和人为携带传播。

卵白色，球形，半透明，常产于食用菌培养料内或覆土层上。

跳虫多发生在培养料上，常密集在菌袋表面上或阴暗潮湿处，啃咬子实体，造成小洞，并携带、传播杂菌。

由于跳虫体表为油质，药液很难渗入体内，一旦发生就很难除治。主要措施是耳房使用前的晾晒、干燥、杀虫处理。

清除园地残株落叶及周围场所垃圾，排除积水，防止跳虫的滋生。

要及早除治，可用 0.1％的鱼藤精或 0.2％的乐果喷洒，药物除治时要注意料底和土壤也要喷药充足。

五、线虫

线虫是一类微小的原生动物，隶属无脊椎的线形动物门、线虫纲、小杆目、杆形科。危害食用菌的线虫种类很多，分布也广，多数是腐生性线虫，广泛分布于土壤和培养料中。少数半寄生，只有极少数是寄生性的病原线虫。土壤、基质和水流是它们的主要传播方式（图 4-9）。

图 4-9　线　虫

1. 特点　危害双孢蘑菇的线虫目前国内已报道的有 15 种左右，常见的种类主要隶属于垫刃目和小杆目，如双孢蘑菇堆肥线虫、双孢蘑菇菌丝线虫（又称噬菌丝线虫）。危害木耳、银耳和平菇的主要是小杆线虫（*Pelodera* sp.），属于杆形目，杆形科，杆形亚科。成虫虫体为线形，刚孵化出来时，雌雄不易辨认。体长 0.21～0.29 毫米，平均 0.24 毫米，体宽 0.01～0.016 毫米，平均 0.012 毫米，尾端细长。4 天后，体长 0.36～0.58 毫米，平均 0.47 毫米，体宽 0.015～0.031 毫米，平均 0.024 毫米。蜕皮 3 次以后成为成虫。

线虫不仅本身侵害木耳菌丝体、子实体，而且其钻食习性往往为木耳病原菌（真菌、细菌、病毒）造成侵入条件，从而加重或诱发各种病害的发生，导致交叉侵害，造成极大损失。

线虫数量庞大，每克培养料的密度可达 200 条以上，其排泄物是多种腐生细菌的营养。这使得被线虫侵害过的基质腐烂，散发出一种腥臭味。由于虫体微小，肉眼无法观察到，常误认为是杂菌或高温烧菌所致，实际上是发生了木耳线虫病。

木耳线虫的发生与高温高湿的环境有着密切的关系。木耳线虫生活于土壤中，水是它生存和繁殖的主要条件，又是它的传播媒介。因此，在高温高湿的夏季，又逢连续下雨，尤其段木接触地面部分被水浸泡时，线虫繁殖最快，传播也很迅速。它可以借着水流辗转危害木耳。在这样的环境下，木耳会很快腐烂流失。

由于受木耳线虫的危害，每到高温多湿的夏季，木耳生产均会遭受严重损失。木耳线虫喜群集取食，以吮吸和吞咽的方式取食。成虫觅食时，头部会快速有力地搅动，促使食物断成碎片，然后再吸吞。初孵化的幼虫，爬出卵壳稍停片刻后即开始蠕动取食。幼龄期食量很少，喜觅食成虫吸吞时遗漏下的细微碎片和耳液，此类虫害会致病流耳。

2. 防治方法 木耳线虫的防治，即木耳线虫病或流耳病的防治，应按照"以防为主，防治结合，综合治理"的原则，不用或少用化学农药防治，以减少有毒物质对木耳的污染。

（1）降低湿度。适当降低培养料内的水分和栽培场所的空气湿度，恶化线虫的生活环境，减少线虫的繁殖量，也是减少线虫影响的有效方法。耳场要选在略有坡度或排水良好的地方建立，严禁积水。

（2）注意消毒。段木接种前，除两端截面用浓石灰水消毒外，其余表面尚需喷洒 2%～3% 石灰水消毒。

（3）保持耳场清洁。清理出来的烂耳需集中用石灰杀死其中的线虫。

（4）高温杀虫。强化对培养料的处理，利用高温进一步杀死料中的线虫。

（5）使用清洁水浇耳。流动的河水、井水较为干净，而池塘死水含有大量的虫卵，用其浇耳常导致线虫泛滥成害。同时应注意兼治细菌、原生动物和霉菌，以防止由此引起的烂耳。

（6）药剂防治。菇净或阿维菌素中含有杀线虫的有效成分，按 1 000 倍液喷施能有效地杀死料中和耳体上的线虫。

（7）采用轮作制。使用耳稻轮作、耳菜轮作、轮换耳场等方式，都可减少线虫的发生和侵害程度。

六、蛞蝓（鼻涕虫）

蛞蝓（*Agriolimax agrestis* Linnaeus）为软体动物门，腹足纲，异鳃总目，柄眼亚目，蛞蝓科（*Limacidae*）动物的统称、我国南方某些地区称其蜒蚰，俗称鼻涕虫。其是一种软体动物，与部分蜗牛组成有肺目。雌雄同体，外表看起来像没壳的蜗牛，体表湿润有黏液（图 4-10）。

1. 特点 常见的蛞蝓像无壳的蜗牛，虫体柔软、裸露，无保护外壳，常

图 4-10　蛞　蝓

生活在阴暗潮湿处，喜昼伏夜出，所爬之处会留下一条白色黏滞带痕迹。

危害木耳的蛞蝓种类主要为野蛞蝓、双线嗜黏液蛞蝓和黄蛞蝓，这 3 种蛞蝓在全国各地均有分布。蛞蝓可危害黑木耳、毛木耳和蘑菇等食用菌，幼蝓和成蝓均能咬食子实体。露地栽培时，阳畦及间套田栽种的木耳受害更为严重。

2. 防治方法

（1）保持耳场环境卫生。铲除耳场周围的杂草，清除场内垃圾、枯枝落叶及砖瓦碎石，不让蛞蝓有藏身之地。

（2）人工捕捉。蛞蝓均有昼伏夜出的习性，可在黄昏、阴雨天进行人工捕捉。

（3）毒饵诱杀。用砷酸钙 1 份加豆饼粉 10 份制成毒饵，每 667 平方米用 4～5 千克；也可用炒香棉籽饼粉加水湿润，拌上砷酸（10：1），每 667 平方米用 3.5 千克，在傍晚撒于栽培场及其附近，蛞蝓食后即中毒死亡。

（4）阻隔防治。在蛞蝓经常出入处撒上新鲜石灰或食盐，3～4 天撒一次，效果较好。

第五章

木耳质量安全问题及防控措施

木耳营养丰富，有很多功能作用，是人们喜爱的菜肴和食品。近年来，木耳的质量安全问题越来越受到人们关注。如何有效确保木耳的质量安全、应对国内外市场对木耳产品的要求、保证木耳产业持续健康发展，已成为当前迫切需要解决的重要问题。

一、木耳的安全问题

在木耳的生产、加工、贮存和流通的过程中，栽培基质和栽培环境的污染、病虫害防治不当、违规使用化学药剂和卫生措施不严格等极易造成有毒、有害物质的残留、污染与含量超标，都会引发木耳的质量安全问题，比较突出的是重金属含量超标、农药残留、化学药剂和生物毒素污染等。

1. 栽培基质导致的重金属污染和农药残留 木耳的栽培基质来源广泛，主要原料是木屑、棉籽壳、玉米芯、秸秆和麸皮等绿色植物加工的下脚料，辅料一般是钙、镁、磷等矿质肥料。由于绿色植物在生长过程中，对土壤的重金属会产生富集作用，当土壤受到重金属污染时，木耳栽培基质的重金属含量也会偏高。此外用于生产磷肥的磷矿中镉含量较高，部分镉进入磷肥中，在使用磷肥的同时，也增加了栽培基质中的镉含量。木耳在重金属含量偏高的栽培基质中生长，重金属经过木耳菌丝的吸收作用转移到子实体中，并产生累积效应，从而导致重金属含量超标。研究表明，在培养料被严重污染时，木耳对铅的最大累积量可达150～200毫克/千克，其中香菇对镉的累积效应比较突出，最大累积量可达180毫克/千克。在农业生产过程中大量使用化学农药，会使木耳栽培原料中农药残留超标严重，这些有毒有害物质同样也转入木耳中，引起木耳农药残留超标。

2. 病虫害防治导致的农药残留 《中华人民共和国农药管理条例》规定，剧毒和高毒农药不得在蔬菜生产中使用，木耳作为蔬菜的一类也应完全遵守此规定。但是由于各种原因，在木耳生产中，剧毒和高毒农药会被用于病虫害的防治。这些农药容易残留产生毒害，从而引发木耳质量安全事故。低毒的杀虫剂和杀菌剂虽然允许在木耳生产中使用，但国家对这些农药的使用也有严格规定，盲目使用或滥用容易导致有毒有害物质残留。根据《无公害食品——食用菌栽培基质安全技术要求》规定，植物生长调节剂不允许在木耳栽培中使用。但是在经济利益的驱动下，一些木耳生产企业和耳农会通过添加植物生长调节剂以获得更高的产量与收入，这就为木耳的质量安全埋下了严重隐患。

3. 环境污染导致的有毒有害物质残留 工业废水、废渣、废气的排放和化学农药的大量施用，使木耳生产和加工环境中的土壤、大气和水体受到不同程度的污染，直接或间接造成木耳有毒有害物质含量超标。

二氧化硫排放量大、污染源分布广，是大气主要污染物之一。木耳子实体含水量较高，吸水性强，极易吸附空气中的二氧化硫。二氧化硫进入子实体会迅速与细胞间隙的水生成亚硫酸盐和亚硫酸氢盐，导致亚硫酸盐超标。

木耳的生长发育过程需要大量的水，如果误将受污染的水拌入基质进行木耳栽培，或者在出耳管理期喷雾于子实体，将导致有毒有害物质残存于子实体中。

4. 加工过程的化学药品污染 在木耳的加工过程中，非法使用化学药剂或者不按规定使用食品添加剂，都会使木耳中残留有毒有害物质，危害木耳的质量安全。

5. 加工贮运过程的微生物污染 市场上销售的木耳可以分为三种类型，即鲜耳、干制品和深加工产品，其中木耳干制品和深加工产品作为一种食品，在加工、运输、贮存与销售过程中容易被微生物污染，导致木耳腐败变质。

其污染的途径可分为3类：①原料（鲜耳）的污染；②产品加工过程（图5-1）中的污染；③产品运输、贮存和销售过程中的污染。在木耳栽培中，通常采用高压蒸汽灭菌法或常压蒸汽灭菌法对栽培基质进行灭菌处理，其他栽培工艺均采取严格的消毒措施，因此作为原料的鲜耳被微生物污染的概率是

图5-1 木耳的加工

比较低的。木耳的微生物污染主要发生在加工贮运环节，如果不严格按照卫生要求进行操作，会影响木耳质量安全。

二、安全防控措施

想要减少木耳重金属含量、降低和消除农药与化学药剂残留、防止微生物污染，除加强市场监管力度、完善和实施木耳质量安全标准等措施外，还应以木耳标准化生产的要求为基准，实施绿色种植、环保加工，以促进木耳产品质量安全水平的提高。

1. 科学选择栽培基质　栽培基质的选择是木耳绿色种植的重要环节，要严格按照木耳标准化生产的要求选择栽培基质。组成木耳栽培基质的成分主要是主料和辅料，前者为碳素营养物质，后者为氮素营养及矿物质。

按照食用菌行业标准《食用菌栽培基质质量安全要求》（NY/T 1935—2010）规定，木屑、作物秸秆、棉籽壳、废棉、玉米芯、花生壳和甘蔗渣等农林副产品可作为木耳栽培基质的主料，作为辅料的有麦麸、米糠、饼肥（粕）、玉米粉、大豆粉等下脚料以及钙磷钾等矿物质。这些主料与辅料不仅要求新鲜、洁净、干燥、无虫、无霉和无异味，而且还应无重金属、农药和其他有害物质残留。阔叶树种桉、樟、槐和苦楝等因含有害物质，其木屑不能作为木耳栽培基质的原料；针叶树种的木屑需要自然堆积 6 个月以上，才可用于木耳栽培。只有严格按照上述规定选择栽培基质，才能有效防止由栽培基质引起的木耳重金属污染与农药残留。

2. 科学防治病虫害　科学防治病虫害是防止木耳农药残留的关键措施，应坚持以物理、生物防治为主，化学防治为辅的无害化控制原则，预防为先、防治结合，综合运用环境控制、栽培、生态、物理和化学等措施进行预防与治理。例如，选用优良抗杂品种、纯化健康菌种和与之相适应的高产培养料配方，采用适宜的栽培方式和规范的管理技术，调节和控制好耳棚内各种因素，创造有利于木耳生长发育并抑制病虫害侵染的环境条件。在农药的使用上，应遵循农药使用安全性原则，严格执行《农药安全使用标准》和《农药合理使用准则》等国家标准。按照《食用菌栽培基质质量安全要求》（NY/T 1935—2010）的规定，优先选用微生物源和植物源农药制剂，严禁使用剧毒、高毒和高残留化学农药。选择科学的施药方法，按照安全间隔期用药，并控制用量与次数。

3. 科学选择生产场地　鉴于生长环境对木耳质量安全的极大影响，为防止有毒有害物质污染，应选择大气、水源和土壤等环境中所含有毒物质均未超标准的地块作为木耳的生产场地。要求周围无工业废水、废渣、废气的排放和各种污水及其他污染源（如水泥厂、石灰厂等），并远离禽畜养殖场和垃圾场；生产用的水应符合《生活饮用水卫生标准》GB 5749—2022、土壤应符合《土壤环境质量 农用地土壤污染风险管控标准（试行）》GB 15618—2018 中的规定；场地应尽量采取翻土、晒白、灌水等措施取代农药进行消毒；同时为防止相互影响，生产场地还应远离医院、学校、居民区和其他公共场所。

4. 科学使用化学药剂 科学使用化学药剂是避免木耳在加工过程中发生有毒有害物质污染的重要保证。我国《食品添加剂使用卫生标准》（GB 2760—2014）规定了食品添加剂的定义、范畴、允许使用的食品添加剂品种、使用范围、使用量和使用原则等。在木耳的加工过程中，应严格按照该标准科学地使用食品添加剂。此外，木耳保鲜处理所需的化学药品和植物生长调节剂，也应按照相关的规定科学合理地使用。

5. 防治微生物污染 为了防治木耳产品因微生物污染而腐败变质，在木耳的加工和贮运过程中，应按照相关规定，从原辅料、加工过程、工艺流程、三库（原料库、辅料库、成品库）和人员卫生等 5 个方面采取防控措施，确保对木耳产品的卫生要求达到《食品国家安全标准 食用菌及其制品》（GB 7096—2014）的规定。

三、木耳危害分析及关键点控制

以下内容参考自《无公害农产品 生产质量安全控制技术规范 第 5 部分：食用菌》（NY/T 2798.5）。

1. 产地环境 木耳的产地环境关键点、主要风险因子及控制措施如表 5-1。

表 5-1 产地环境关键点、主要风险因子及控制措施表

序号	关键点	主要风险因子	控制措施
1	产地选择	重金属、有害化学物质、生物污染源、空气污染物	应地势平坦、排灌方便，有饮用水源。场地周边 5 千米以内无污染源；100 米内无集市、水泥厂、石灰厂、木材加工厂等扬尘；50 米之内无禽畜舍、垃圾场和死水水塘等危害木耳的病虫源滋生地；距公路主干线 200 米以上 土壤质量和水质符合 NY 5358 相关规定
2	环境管理		生产场地应清洁干净，清除杂物、杂草，排水系统畅通，地面平整，不积水、不起尘，保持环境卫生 生产基地布局符合工艺要求，严格区分污染区和洁净区，以最大限度减少产品污染的风险 生产区和原料仓库、成品仓库、生活区严格分开

2. 农业投入品 木耳的农业投入品关键点、主要风险因子及控制措施如表 5-2。

表 5-2 农业投入品关键点、主要风险因子及控制措施表

序号	关键点	主要风险因子	控制措施
1	耳房	杂菌、害虫	各类栽培耳房（棚）应通风良好、可密闭、控温、控湿；未安装通风设备的耳房（棚），通风处和门窗应安装孔径为 0.21～0.25 厘米的防虫网防虫 棚膜质量应符合 GB 4455 的要求 使用前消毒、杀虫，使用后清棚、除杂，耳房（棚）消毒、灭虫使用的药剂应符合 NY 5099 相关规定
2	菌种	杂菌、虫卵	应符合 NY/T 1742 的要求
3	主料、辅料及覆土材料	重金属、农药残留	应符合 NY 5099 相关规定，不应使用来源于污染农田或污灌区农田的原辅料和覆土材料 有专门存贮场地，分类存放，标识明确。存贮库内通风干燥，使用允许使用的防鼠药 记录原料来源、数量和存放措施
4	生产用水	重金属、有害微生物、农药残留	应符合 GB 5749 的要求，或使用无污染的山泉水、井水
5	添加物	违规、过量	应符合 NY 5099 的相关规定，不使用非法添加物 记录添加物品种、数量、使用方法和使用人
6	栽培容器	有害化学成分超标	菌袋（瓶）应选用聚乙烯、聚丙烯或聚碳酸酯类产品，质量符合 GB 9687、GB 9688 和 GB 14942 的相关规定
7	化学农药	农药残留	菌袋（瓶）应选用聚乙烯、聚丙烯或聚碳酸酯类产品，质量符合 GB 9687、GB 9688 和 GB 14942 的相关规定

3. 栽培管理 木耳的栽培管理关键点、主要风险因子及控制措施见表 5-3。

表 5-3 栽培管理关键点、主要风险因子及控制措施表

序号	关键点	主要风险因子	控制措施
1	培养料配方	杂菌、害虫、有害化学物质	根据生产菌种和季节，选择科学合理配方 不应随意加入化学添加剂
2	栽培基质制备		采用适当方法进行发酵处理或灭菌处理
3	木腐类木耳栽培原料拌料、装袋、灭菌		拌料均匀，含水量适宜 原料分装防止菌袋破损，装料后应尽快灭菌操作 宜采用常压或高压灭菌，彻底杀灭培养料中杂菌和害虫（卵）

（续）

序号	关键点	主要风险因子	控制措施
4	接种场地	杂菌、害虫、有害化学物质	保持清洁无异物，定期消毒，对小动物、昆虫等定期检查与防治
			接种前后严格消毒。消毒剂及使用方法见附录1 生料栽培应在环境洁净的地方接种
5	接种工具	微生物	接种前后严格消毒。消毒剂及使用方法见附录1
6	接种操作		按无菌操作方法进行
7	发菌管理	有害微生物、害虫	在适宜的温度、湿度、光照和通风设施条件下发菌。防止高温高湿、通风不良而引起病虫害。防止高温烧菌
			发好的菌袋应菌丝长满菌袋（瓶），菌丝生长健壮、均匀，无杂色斑
8	杂菌及病害防控	农残、有害微生物	发菌过程中经常检查，及时清除已被杂菌污染或感病的菌袋（瓶）
			清出后的污染菌袋（棒）或培养料不能随意丢弃，应及时进行无害化处理
			在接种、发菌、出耳区周围，严格控制病害的发生和蔓延
9	虫害防控		宜使用杀虫灯或毒饵诱杀害虫，或使用生物制剂和高效、低毒、低残留的化学药剂，对地面、墙壁或空间进行杀虫
			选择已登记可在木耳上使用的低毒、低残留农药，用药量、施用方法按登记要求进行。严禁使用附录3中的农药
10	出耳环境控制		根据栽培耳种，控制温度、湿度、通风和光照，根据栽培设施和季节变化合理控制，确保耳体健壮生长
11	病虫害防控	农药残留	发现病害，应降低耳房（棚）内空气湿度，加强通风
			宜采用多项物理方法相结合防控虫害。通风处安装孔径为0.21～0.25厘米的防虫网；棚内挂黄色粘虫板、诱虫灯，及时清理病虫感染菌袋
			在必须使用化学农药时，应选择已登记可在木耳上使用的低毒、低残留农药，用药量、施用方法按登记要求进行；严禁使用附录3中的农药
			使用化学药剂应在出耳间隙期进行，药物不可直接接触耳体，安全间隔期过后再行催蕾出耳
12	菌渣	环境污染	出耳结束后，对废弃菌包及菌渣应进行及时清理并运离产地。出耳场地清洁后进行灭虫和消毒处理
13	采收期	老化、含水过多、杂质、生物污染	应根据产品销售需要，确定采收标准，适时采收
14	采收方法	杂质	采收前合理控制喷水，加强通风。采收者应注意个人卫生，精心、细致，防止泥土、油污、有害生物等污染木耳产品。采收后削去基部培养基和泥土等杂质

4. 采后处理 木耳的采后处理关键点、主要风险因子及控制措施如表5-4。

表5-4 采后处理关键点、主要风险因子及控制措施表

序号	关键点	主要风险因子	控制措施
1	加工、包装、标识	致病微生物、生物毒素、食品添加剂污染、物理污染	加工、保鲜过程中工作人员应具有健康证，穿着工作衣帽，不应佩戴饰品，直接接触产品的工作人员和器具要清洗消毒。使用食品添加剂时，应符合 GB 2760 的要求，不应为延长保质期、护色、增重、保鲜而超标准、超范围使用食品添加剂，不应使用非食品级化学品和有毒有害物质 木耳贮藏包装材料的内包装应符合 GB 11680 的要求，直接用于终端销售的产品外包装应符合 GB 9687 和 GB 9688 的要求 标识应符合 NY/T 2798.1 的要求
2	储存		在适宜温度下储存，并符合 GB/T 24616 的要求。不应与有毒、有害物品或有异味的物品混合储存 冷藏车箱内温度宜根据不同要求进行调节 运输过程中应保持干燥、防压、防晒、防雨、防尘等措施，不应与有毒、有害物品或有异味的物品混装运输
3	采后记录		记录产品储存、加工、包装、运输以及标识全过程

附　　录

附录1　常用杀菌剂、消毒剂用法用量表

品名	使用浓度	配制方法	用途	注意事项
美帕曲星	拌料：0.75%；喷洒：0.5%～1.0%	拌料：每100千克料中加75克；喷洒：每50克美帕曲星加水5～10千克	用于生料栽培中拌料、环境及用具杀菌 防治对象：木霉、青霉、疣孢霉、枝孢霉、酵母菌等	
乙醇（酒精）	75%	95%乙醇75毫升，加水20毫升	手、器皿、接种工具及分离材料等的表面消毒 防治对象：细菌、真菌	易燃、防着火
复合酚消毒剂	100～300倍稀释	每10毫升药剂，加水1 000～3 000毫升	空间及物体表面消毒 防治对象：细菌、真菌	防止腐蚀皮肤
来苏水	2%	50%来苏水40毫升，加水960毫升	皮肤及空间，物体表面消毒 防治对象：细菌、真菌	配制时勿使用硬度高的水
甲醛福尔马林	5%，或原液每立方米10毫升熏蒸	40%甲醛溶液12.5毫升，加蒸馏水87.5毫升	空间及物体表面消毒。原液加等量的高锰酸钾混合或加热熏蒸 防治对象：细菌、真菌	刺激性强，使用时注意对皮肤及眼睛的保护
新洁尔灭	0.25%	新洁尔灭50毫升，加蒸馏水950毫升	用于皮肤、器皿及空间消毒 防治对象：细菌、真菌	不能与肥皂等阴离子洗涤剂同用
高锰酸钾	0.1%	高锰酸钾1克，加水1 000毫升	皮肤及器具表面消毒 防治对象：细菌、真菌	随配随用，不宜久放
过氧乙酸	0.2%	20%过氧乙酸2毫升，加蒸馏水98毫升	空间喷雾及表面消毒 防治对象：细菌、真菌	对金属腐蚀性强，勿与碱性药品混用

（续）

品名	使用浓度	配制方法	用途	注意事项
漂白粉	0.5%	漂白粉 50 克，加水 950 毫升	喷洒、浸泡与擦洗消毒 防治对象：细菌	对服装有腐蚀和脱色作用，应防止溅在服装上，注意皮肤和眼睛的保护
碘酒	2～2.4%	碘化钾 2.5 克、蒸馏水 72 毫升、95%酒精 73 毫升	用于皮肤表面消毒 防治对象：细菌、真菌	不能与汞制剂混用
百菌清	800 倍	取 75%含量百菌清 10 克，加水 6 000～8 000 毫升	用于环境及菌床杀菌 防治对象：真菌	注意保护眼睛、皮肤
硫酸铜	5%	取 5 克硫酸铜加水 95 毫升	菌袋上局部杀菌或出耳场地的杀菌 防治对象：真菌	不能贮存于铁器中
硫黄	每立方米空间15～20 克	直接点燃使用	用于接种场所和出耳场所空间熏蒸消毒 防治对象：细菌、真菌	先将墙面和地面喷水预湿。防止腐蚀金属器皿
甲基托布津	0.1%或1：500～1：800 倍	用干料重的 0.1%粉剂拌料	拌料或对接种场所和出耳场所空间喷雾消毒 防治对象：真菌	不能用于耳类、猴头菇，羊肚菌的培养料中
多菌灵	50%含量的多菌灵的使用浓度为0.1%	用 0.1%～0.2%的水溶液拌料或环境消毒	用于拌料或喷洒床畦消毒 防治对象：真菌	在耳类、猴头菇、羊肚菌等培养料中禁用
气雾消毒剂	每立方米2～3克	直接点燃熏蒸	用于接种室，培养室和耳房内熏蒸消毒 防治对象：细菌、真菌	易燃，对金属有腐蚀作用
涕必灵	1 000 倍拌料或800～1 000 倍液喷雾	拌料用量为培养料干重的 0.1%，环境及菌床消毒用 800～1 000 倍稀释液	用于拌料或环境消毒 防治对象：真菌	木耳、猴头菇培养料中禁用
代森锌	500～700 倍	每 10 克加 5 000～7 000 毫升水	用于环境，菌床和覆土中消毒 防治对象：疣孢霉、轮枝霉、木霉等真菌	

（续）

品名	使用浓度	配制方法	用途	注意事项
过氧乙氢	1%	30%原液 10 毫升加水 300 毫升	用于器皿、用具和菇体表面消毒 防治对象：细菌、真菌	
链霉素	100～200 国际单位	每 1 000 毫升水中加链霉素 100～200 毫克	用于细菌性病害的防治 防治对象：革兰氏阴性细菌	
金霉素	200～300 国际单位	每 1 000 毫升水中加金霉素 200～300 毫克	用于细菌性病害的防治 防治对象：细菌	

附录 2　常用杀虫剂防治对象和用法用量表

名称	防治对象	用法与用量
甲醛	线虫	5%喷洒，每立方米覆土 250～500 毫升
氯氰菊酯	菌蚊、菌蝇、瘿蚊	3 000～4 000 倍液喷洒环境杀虫
食用菌专用杀虫剂	菇蝇、菌蚊、螨虫	1 000～1 500 倍液喷洒耳房和培养室内杀虫
漂白粉	线虫	0.1%～1%喷洒
二嗪农	菇蝇、瘿蚊	每吨料用 20%乳剂 57 毫升喷洒
马拉疏磷	双翅目昆虫、螨类	0.15%水溶液喷洒
除虫菊酯类	菇蝇、菇蚊、蛆	见商品说明书，3%的乳油稀释 500～800 倍喷雾
鱼藤精	菇蝇、跳虫	0.1%水溶液喷雾
食盐	蜗牛、蛞蝓	5%的水溶液喷雾，5%食盐液喷洒菌床及环境
对二氯苯	螨类	每立方米 50 克熏蒸
杀螨砜	螨类、小马陆弹昆虫	1：800～1 000 倍的水溶液喷雾
菜粉饼	蛞蝓、蜗牛	1%浸小液喷洒菌床和环境，或撒干粉形成隔离带
龟藤精＋中性肥皂	米象、壳子虫	鱼藤精 500 克，中性肥皂 250 克，加水 100 千克，喷洒在耳房或环境
煤焦油＋防腐利	白蚁	按 1：1 比例混合喷于段木或畦内

附录 3　国家禁止在食用菌生产中使用的农药目录

类别	名称
有机氯类	六六六、滴滴涕、毒杀芬、艾氏剂、狄氏剂、硫丹、三氯杀螨醇
有机磷类	甲胺磷、甲基对硫磷、对硫磷、久效磷、磷铵、甲拌磷、甲基异柳磷、杀扑磷、水胺硫磷、特丁硫磷、甲基硫环磷、治螟磷、内吸磷、涕灭威、灭线磷、硫环磷、蝇毒磷、地虫硫磷、氯唑磷、苯线磷、磷化钙、磷化镁、磷化锌、磷化铝、硫线磷、氧乐果、三唑磷

（续）

类别	名称
有机氮类	杀虫脒、敌枯双
氨基甲酸酯类	克百威、灭多威
除草剂类	百草枯、除草醚、氯磺隆、胺苯磺隆单剂、胺苯磺隆复配制剂、甲磺隆单剂、甲磺隆复配制剂
其它	二溴氯丙烷、二溴乙烷、溴甲烷、汞制剂、砷类、铅类、氟乙酰胺、甘氟、毒鼠强、氟乙酸钠、毒鼠硅、氟虫氰、毒死蜱、福美肿和福美甲肿

注：以上截至 2022 年 3 月 31 日国家公告禁止在食用菌生产中使用的农药目录。2, 4-滴丁酯自 2023 年 1 月 29 日起禁止使用。溴甲烷可用于"检疫熏蒸处理"。杀扑磷已无制剂登记。甲拌磷、甲基异柳磷、水胺硫磷、灭线磷自 2024 年 9 月 1 日起禁止销售和使用。

附录 4　黑木耳栽培技术

一、黑木耳的生长条件

1. 营养条件要求　黑木耳属于木腐菌，菌丝分解木质素和纤维素的能力很强，是黑木耳生长的主要营养来源。淀粉、纤维素、麦芽糖和葡萄糖等可作为碳源，氮源包括氨基酸、蛋白胨、蛋白质和豆饼粉等。培养基质适宜的碳氮比为 20∶1。此外，还需要少量的钾、镁、磷、钙和铁等元素。

2. 温度要求　黑木耳为中温型真菌，耐寒不耐热，是变温结实性真菌，对温度的适应范围较广。菌丝最适生长温度为 22～32℃，5℃时生长微弱，低于 14℃生长缓慢，超过 36℃生长受到抑制，短期的高温和严寒不致死亡。子实体在 16～32℃都能形成和生长，但以 20～28℃最适宜。高温高湿环境下子实体色淡、肉薄，会出现烂耳。

3. 水分和湿度要求　菌丝生长发育阶段，培养料含水量以 55%～65% 为宜。子实体生长要求多湿的条件，空气相对湿度为 90%～95%，子实体生长迅速；空气湿度低于 80%，子实体生长缓慢，耳片薄；空气湿度 70% 以下，子实体不能形成。

4. 空气要求　黑木耳为好气性菌类，菌丝生长和子实体分化发育阶段都需要通风良好。菌丝生长阶段发菌室要间断通气，每天通风 1～2 次，子实体生长阶段要勤通风换气。每天通风 3～6 次，以利于提高耳质和产量。

5. pH 要求　黑木耳适合偏酸环境，菌丝生长的 pH 以 5.0～6.5 为宜，子实体生长阶段以 pH4 为宜。培养料配制时调到 pH6 左右，有利于子实体的生长发育。

二、黑木耳栽培技术

1. 栽培季节　根据各地气候特点而定。总体来看栽培黑木耳一般春季安排在4—5月，秋季安排在7—8月。

2. 栽培袋培养基　主要有：

①木屑78%、麸皮20%、蔗糖1%、石膏粉1%、含水量60%～63%。

②棉籽壳78%、麸皮20%、蔗糖1%、石膏粉1%、含水量60%～63%。

③棉籽壳49%、稻草49%、红糖1%、石膏粉1%、含水量60%～63%。

④豆秸粉88%、麸皮或米糠10%、糖1%、石膏粉1%、含水量60%～63%。

3. 制袋　将原料提前预湿，按上述配方拌匀，制成菌袋内料，装入菌袋。菌袋采用17厘米×33厘米聚乙烯塑料袋。装袋可用手工或机械2种方式。装好袋后再进行灭菌，将菌袋在100℃条件下蒸汽灭菌10～12小时或121～125℃下灭菌1.0～1.5小时，冷却至常温后接种。

4. 菌丝培养及催耳

（1）菌丝培养。培养料灭菌后，待温度降到30℃时，按无菌操作进行接种。接种后的栽培袋移至培养室。培养室内要清洁干燥、通风透光，培养室要在养菌前5天用消毒液进行彻底喷雾消毒，保持养菌室内的无菌状态。室内搭设架子，菌袋均匀摆放，避免堆积。培养室内的温度控制是动态的，养菌初期温度控制在26～28℃，等菌丝长满菌袋表面时，养菌室温度控制在23～25℃，最低不能低于20℃，也不能高于29℃。培养室相对湿度控制在60%～70%，发菌期间要做好通风换气工作。发菌期间要避光培养，用黑布帘子进行遮光。待菌袋长满菌丝，可调节光线，透光诱发子实体发育，为出耳做准备。接种后1周要观察菌丝生长情况，如发现污染袋，应及时清理出培养室。菌丝40天左右长满菌袋。

（2）催耳管理。当菌袋上出现少量棕色米粒状耳基时，应转入催耳期管理。在菌袋上开"V""十""O""I"形口或小孔等，最好选用"V"形口或小孔，避免使用"十""O"型口。现在大多采用小孔出耳，小孔出的耳片朵型好，易成片，品质好。小孔栽培的菌袋用刺孔机刺孔，每袋孔数150个左右。将划完口的菌袋摆在潮湿的床面上（摆袋之前如果床面干燥，要喷1次透水），袋与袋之间距离15～20厘米。为了节省上面覆盖的草帘或遮阳网等材料，可以采用集中催耳的办法，将菌袋密排于催耳床内，袋距2～3厘米，耳芽长出后再排开进行出耳管理。也可划口后吊在大棚里，进行催芽出耳管理，大棚内温度、湿度容易控制，但吊袋要注意间隙，加强通风管理，才能达到高产优质。一般经过10天左右，便可见黑色的耳线，由催耳管理转换到出耳管理。

5. 耳场的选择和出耳管理

（1）耳场选择。场地要求：一是宽阔、平坦、无杂菌；二是洁净，最好是没排过木耳，甚至是连段木也没架过的地方；三是水源好，以山沟水、井水最为理想，水要充足；四是通风向阳；五是排水良好。低洼地要用沙石垫平。整理好耳场后用 50％多菌灵 500 倍液杀虫除菌，并在场内四周撒上石灰消毒。

（2）出耳管理。采用立体悬挂栽培模式进行出耳。催耳后的菌袋用尼龙绳和小型托架连接到一起，用横架固定悬挂。大约每 9 袋串成一条，中间留操作道。吊袋工作应在 1～2 天内完成。之后分期具体为：①催芽期（划口后 7 天）。即由划口至原基形成。空气相对湿度在 85％以上，持续 1 周。为了保持湿度，其间塑料布不要掀开。要注意三点：一是防止高温，床内温度不得超过 30℃，遇到高温天要采取加盖草帘或遮阳网等措施；二是如果上面盖的是草帘，需要在划口后的前一周内，早晚掀开草帘 3 次，让散射光照射菌袋，使划口处重新生长的菌丝尖端接受光线刺激，形成耳芽，盖遮阳网的不用掀开；三是划口初期要严禁往菌袋上喷水，防止菌袋污染。②耳芽生长期（8～15 天）。从原基形成至耳芽长到 1～2 厘米（形成核桃状）。这个时期，要进行间歇喷水，增加湿度，使空气相对湿度始终保持在 90％，使刚刚形成的耳芽始终保持湿润生长状态，为此要做到：一是盖草帘的，要去掉塑料布，昼夜盖着草帘并往草帘上喷水，使草帘始终保持湿润；二是盖遮阳网的要将塑料布掀开，往菌袋上喷 1 次水，再立即盖上压严，给床内增加湿度，以便使耳芽出齐快长；三是要加强通风，防止高温。③子实体分化生长期（16～25 天）。从核桃状至成熟。这个阶段可以将草帘、遮阳网、塑料布全部收起，使子实体在全光的条件下分化生长。集中催芽的要进行分床，床面铺设编织袋或地膜，以防止喷水或下暴雨时泥沙溅在耳片上。在水分管理上，要遵循"干长菌丝，湿长耳"的规律，采用"干干湿湿，干湿交替"的管理方法，这样利于黑木耳子实体快速生长。正常情况每天喷水 3～4 次，时间应该安排在早晚进行，尽量在袋温与气温一致时进行，每次喷水要喷全、喷足。空气干燥时，增加喷水次数。阴天一般不喷水，耳场风很大时也可适量喷水，遇高温天气要采取空间喷水的方式来降温。中午气温高时不喷，这样耳片厚且颜色好。出耳旺盛期，相对湿度要求为 85％～95％，阴雨天少喷，晴天多喷。耳片膨胀、湿润、新鲜说明水分适宜；如耳片积水，说明耳片吸水能力减弱，水分过大。

6. 出耳场地清理　耳场周围及过道每周消毒 1 次，可用多菌灵溶液喷雾消毒，保持耳场清洁以减少杂菌污染。检查耳场，发现被杂菌污染的菌袋，及时清理并集中处理，防止交叉感染，并用 5％的高锰酸钾对污染的菌袋进行消毒处理。黑木耳生长需要适量的杂草，所以，可根据具体情况进行杂草处理，保留适量的杂草。对耳场的杂草要及时清理，确保通风良好。第一潮耳采收后应停止喷水，待菌丝恢复后再进行下一潮耳的管理。这种模拟野生木耳生态环境使得子实体处于温暖高湿、半阴半阳和经受风吹雨打日晒条件下生长的方法，可以减少生产设备、减少工序、降低成本，极大地提高经济效益。

参 考 文 献

边银丙，2013. 食用菌菌丝体侵染性病害与竞争性病害研究进展［J］. 食用菌学报（20）：1-7.

边银丙，孙婕，张有根，等，2014. 毛木耳油疤病病原物、发生规律与化学防治研究［C］. 全国食用菌学术研讨会.

曹力凡，2019. 豫北地区黑木耳生产关键技术的研究［D］. 河南科技学院.

曹满堂，李宾，李宏，等，2020. 食用菌蛛网病研究进展［J］. 食用菌学报，27（3）：127-136.

岑明，计鸿贤，1986. 木耳线虫 *Pelodera Sp.* 的初步研究［J］. 广西科学院学报（1）：75-79.

曾东方，1999. 侧耳物种多样性研究现状［J］. 食用菌学报，6（2）：60-64.

曾宪森，黄玉清，1992. 福建蘑菇疣孢霉病菌源研究初报［J］. 食用菌，14（2）：35.

曾宪森，李开本，林兴生，2001. 蘑菇疣孢霉发生及综合防治研究［J］. 福建农业学报，15（4）：13-17.

陈荣民，李辉，1999. 黑木耳病虫害的发生与防治［J］. 中国林副特产，48（1）：31-32.

陈少珍，2008. 茶树菇黏菌病发病症状及综合防治技术-食用菌病害综合防治之二［J］. 南方农业学报，39（3）：317-319.

陈双林，李玉，1997. 黏菌的培养和个体发育研究评价［J］. 吉林农业大学学报（1）：105-108.

陈依军，夏尔宁，王淑如，等，1989. 黑木耳、银耳及银耳孢子多糖延缓衰老作用［J］. 现代应用药学（2）：9-10.

陈媛，2015. 毛木耳油疤病病菌致病因子产生条件与基本特性研究［D］. 武汉：华中农业大学.

初赛君，2018. 黑木耳野生种质资源多样性的研究［D］. 长春：吉林农业大学.

崔丽红，2017. 食用菌栽培菌棒上污染真菌的分离鉴定及多样性分析［D］. 大连：辽宁师范大学.

崔学昆，2006. 不同喷水方法对黑木耳产量及品质影响的研究［D］. 长春：吉林农业大学.

戴玉成，杨祝良，2018. 中国五种重要食用菌学名新注［J］. 菌物学报，37（12）：1572-1577.

戴玉成，周丽伟，杨祝良，等，2010. 中国食用菌名录［J］. 菌物学报，29（1）：1-21.

樊黎生，龚晨睿，张声华，2005. 黑木耳多糖抗辐射效应的动物实验［J］. 营养学报，27（6）：525-526.

范亚明，张颖，潘晓冬，等，1993. 黑木耳降血脂抗血栓的临床研究 [J]. 心肺血管病杂志
　　（2）：98-100.

方宏阳，2017. 不同颜色的毛木耳菌株生长发育过程及胞外酶活性研究 [D]. 长春：吉林
　　农业大学.

方炎祖，朱晓湘，罗桂菊，1993. 蘑菇线虫与假单胞杆菌对食用菌的致病性研究 [J]. 湖南
　　农学院学报，19（1）：39-45.

顾学峰，刘永心，张召军，2005. 黑木耳制菌期红色脉孢霉的发生与防治 [J]. 特种经济动
　　植物，8（7）：43-44.

郭正堂，1987. 中国韧革菌（Ⅲ）[J]. 植物研究（3）：87-114.

韩春然，马永强，唐娟，2006. 黑木耳多糖的提取及降血糖作用 [J]. 食品与生物技术学
　　报，25（5）：111-114.

韩庆国，2007. 几种药剂对木霉、根霉的抑菌试验 [J]. 食用菌（1）：55.

何建芬，2012. 袋料黑木耳发生的主要病虫害及其防治对策 [J]. 食用菌（4）：54-55.

贺新生，张玲，1995. 四川省袋栽毛木耳镰刀菌病害研究简报 [J]. 食用菌学报，2（2）：
　　44-47.

贺字典，孙焕顷，高玉峰，2008. 食用菌木霉种类鉴定 [J]. 河北科技师范学报，22（4）：
　　42-45.

侯伟，韩根锁，王敏，2020. 宝鸡地区食用菌菌蚊的发生特点及其无公害防治技术 [J]. 陕
　　西农业科学，66（1）：105-106.

胡文华，2002. 食用菌菌螨的发生与防治 [J]. 中国农村科技（4）：19-20.

黄良水，洪金良，江小成，等，2018. 袋栽黑木耳紫跳虫的为害与防控 [J]. 食药用菌，26
　　（4）：263-264.

黄友知，1980. 黑木耳病虫害及其防治 [J]. 食用菌（1）：37-38，28.

惠新民，张世杰，曹彬，等，2003. 野蛞蝓发生规律及综合防治技术 [J]. 陕西农业科学
　　（2）：64-65.

贾含琪，2019. 食用菌脉孢霉生防菌筛选及其防效的研究 [D]. 哈尔滨：东北林业大学.

姜自彬，魏学彦，曹锦花，1999. 糙皮侧耳真菌的研究进展 [J]. 中草药，30（1）：72-75.

金群力，蔡为明，冯伟林，等，2006. 浙江省双孢蘑菇上主要线虫种类 [J]. 浙江农业学
　　报，18（3）：195-197.

孔华忠，2007. 中国真菌志，第三十五卷，青霉属及其相关有性型 [M]. 北京：科学出
　　版社.

兰玉菲，丛倩倩，崔晓，2019. 金针菇蛛网病病原菌鉴定 [J]. 中国食用菌，38（1）：
　　76-79.

李滇华，雷亮，2009. 黑木耳生产过程中的常见问题分析 [J]. 食用菌，31（1）：30-32.

李红枝，1993. 脉孢霉的生物学特性与防治 [J]. 食用菌（1）：36-37.

李惠中，李玉，1998. 中国黏菌纲的分类研究 [J]. 吉林农业大学学报，20（S1）：61.

李慧蓉，2005. 白腐真菌生物学和生物技术 [M]. 北京：化学工业出版社.

李令堂，刘前进，王玉国，等，2015. 毛木耳油疤病防治技术 [J]. 农民致富之友（8）：

179-179.

李楠，2008. 吉林省黑木耳优质高效栽培技术的研究［D］. 长春：吉林农业大学.

李庆杰，2003. 木耳线虫发生的外界条件调查与防治对策［J］. 食用菌（2）：40-41.

李淑芹，2008. 黑木耳白粉病发病规律及防治［J］. 中国森林病虫，27（3）：34-35.

李叶晨，黄晨燕，夏哲然，等，2019. 中华甲虫蒲螨对松墨天牛的生防潜力初探［J］. 基因
组学与应用生物学，38（6）：90-95.

李玉，李泰辉，杨祝良，等，2015. 中国大型菌物资源图鉴［M］. 郑州：中原农民出版社.

李玉，2001. 中国黑木耳［M］. 长春：长春出版社.

连燕萍，黄艺宁，袁滨，等，2020. 毛木耳卢西螨防控技术研究［J］. 中国食用菌，39
（2）：86-88.

林娓娓，王瑞娟，李玉，等，2010. 食用菌生产中链孢霉生物防治研究［C］. 2010 年中国
菌物学会学术年会论文摘要集.

刘佳宁，王玉文，孔祥辉，等，2014. 黑木耳代料栽培养基软化病病原菌鉴定［J］. 黑龙
江科学（11）：10-13.

刘佳宁，张介驰，马庆芳，等，2014. 不同温度和光照条件下黑木耳次生菌丝形态的研究
［J］. 黑龙江科学，5（6）：13-15，20.

刘雯，2009. 黑木耳地沟吊袋栽培技术［J］. 农村实用技术（7）：32-32.

刘雅静，袁延强，刘秀河，等，2010. 黑木耳营养保健研究进展［J］. 中国食物与营养
（10）：66-69.

刘治根，1984. 香菇黑木耳段木上的害菌调查与其生态学初步研究［J］. 华中农业大学学
报，3（4）：10-19.

罗祖明，曾虹，周东，等，1991. 青川黑木耳治疗动脉硬化性脑梗死患者的临床疗效观察
［J］. 华西药学杂志（4）：210-214.

马凤兰，2012. 香菇段木栽培技术［J］. 吉林农业（3）：78-78.

马海霞，2011. 中国炭角菌科几个属的分类与分子系统学研究［D］. 长春：吉林农业大学.

马银鹏，孔祥辉，刘佳宁，等，2014. 黑龙江省木耳栽培中"白虫子"虫害初步研究［J］.
食用菌，36（4）：62-62.

卯晓岚，1988. 中国野生食用真菌种类及生态习性［J］. 真菌学报（1）：38-45.

孟维洋，王凯军，1995. 椴木栽培黑木耳高产技术［J］. 吉林林业科技（4）：62-62.

穆丹，2017. 代用料栽培黑木耳催芽处理方法的研究［J］. 黑龙江农业科学（4）：70-71.

牛艳萍，2013. 核桃肉状菌的危害及防治措施. 食用菌（2）：60-61.

彭卫红，叶小金，王勇，等，2013. 毛木耳油疤病病原菌的生长条件研究［J］. 四川大学学
报（自然科学版），50（1）：161-164.

齐祖同，1997. 中国真菌志，第五卷，曲霉属及其相关有性型［M］. 北京：科学出版社.

曲绍轩，宋金俤，马林，2010. 木耳卢西螨的为害调查及防治措施［J］. 食药用菌（1）：
49-50.

邵凌云，师迎春，国立耘，2008. 北京地区食用菌上木霉污染菌的种类鉴定［J］. 食用菌学
报，15（1）：86-90.

申建和，陈琼华，1987. 黑木耳多糖、银耳多糖、银耳孢子多糖的抗凝血作用 [J]. 中国药科大学学报，18（2）：137-140.

史立平，李玉，2003. 黏菌生物学研究进展 [J]. 吉林农业大学学报，25（1）：49-53.

宋金俤，马林，曲绍轩，2012. 食用菌双翅目害虫特性与控制途径 [J]. 食用菌（4）：55-56.

宋金娣，曲绍轩，马林，2013. 食用菌病虫识别与防治原色图谱 [M]. 北京：中国农业出版社.

宋金娣，徐华潮，2002. 多菌蚊的生活习性与发生规律 [J]. 食用菌（05）：32-33.

孙婕，2012. 毛木耳油疤病病原物分离鉴定及其致病性分析 [D]. 华中农业大学.

孙立娟，李怡萍，胡煜，等，2008. 杨凌及其周边地区食用菌害虫初步调查研究 [J]. 西北农业学报，17（1）：110-112.

孙鹏，2019. 黑木耳种质资源评价与种质创新研究 [D]. 吉林农业大学.

唐昌林，闵冬青，1991. 野蛞蝓对木耳的危害及防治 [J]. 长江蔬菜（6）：20.

陶佳喜，王宝林，陈年友，等，2003. 化学药物对霉菌及香菇菌丝生长的影响试验 [J]. 食用菌（5）：38-39.

陶妮，2006. 平菇指孢霉软腐病防治技术 [J]. 农村实用技术（12）：51-51.

汪再蓉，2019. 铜仁万山区黑木耳青苔病污染成因与综防对策 [J]. 农家参谋（19）：49-49.

王呈玉，图力古尔，李玉，2006. 侧耳属真菌系统分类研究概况 [J]. 吉林农业大学学报，28（2）：158-163.

王崇林，2013. 东宁县越冬黑木耳栽培技术 [J]. 现代农业科技（4）：120-120.

王刚正，罗义，李佳璐，等，2019. 毛木耳子实体蛛网病的病害特征及致病菌 *Cladobotryum cubitense* 的生理特性和防控策略 [J]. 菌物学报，38（3）：341-348.

王拱辰，郑重，叶琪明，等，1996. 常见镰刀菌鉴定指南 [M]. 北京：中国农业科技出版社.

王剑，2012. 四川黄背木耳（*Auricularia polytricha*）主要病虫害发生与防治研究 [D]. 四川农业大学.

王学良. 黑木耳棒上褐轮韧革菌生长特性及其预防 [J]. 湖北农业科学，1993（8）：23-25.

王艳华，李剑梅，徐国华，等，2015. 朱红栓菌培养条件初探 [J]. 食用菌，37（6）：36-38.

王银龙，2013. 吉林省黄松甸镇黑木耳生产成本收益研究 [D]. 吉林农业大学.

韦文添，岑志坚，2003. 草菇害螨的发生与防治 [J]. 广西热带农业，2（2）：29-29.

魏玉莲，戴玉成，2004. 木材腐朽菌在森林生态系统中的功能 [J]. 应用生态学报，15（10）：1935-1938.

吴芳，戴玉成，员瑗，等，2014. 木耳属研究进展 [J]. 菌物学报，33（2）：198-207.

吴芳，戴玉成，2015. 黑木耳复合群中种类学名说明 [J]. 菌物学报，34（4）：604-611.

吴芳，2016. 木耳属的分类与系统发育研究 [D]. 北京林业大学.

吴希禹，付永平，李玉，2019. 香菇蛛网病病原菌树状枝葡霉生物学特性 [J]. 菌物学报，38（5）：646-657.

吴小平，彭建升，刘盛荣，2008. 食用菌污染袋白色链孢霉分离鉴定及特性初探 [J]. 中国食用菌，27（3）：58-60.

吴小平，2008. 食用菌致病木霉的鉴定、致病机理及防治研究 [D]. 福建农林大学.

谢飞，刘奇志，梁林琳，等，2012. 双孢蘑菇基质中线虫影响木耳菌丝生长的数量阈值 [J]. 浙江农业学报，24（4）：615-619.

邢路军，刘海光，苑凤瑞，等，2011. 食用菌黏菌病化学防治研究 [J]. 安徽农业科学，39（15）：9024-9025，9028.

徐朋飞，李娜，徐海丰，等，2015. 淮南地区食用菌粉螨滋生研究（粉螨亚目）[J]. 安徽医科大学学报，50（12）：1721-1725.

徐同，钟静萍. 木霉对土传病原真菌的拮抗作用 [J]. 植物病理学报，1993，23（1）：63-67.

许蓉，刘正慧，付永平，等，2019. 灵芝蛛网病病原菌及其生物学特性 [J]. 菌物学报，38（5）：669-678.

薛惟建，王淑如，陈琼华，1987. 银耳多糖、银耳孢子多糖及黑木耳多糖的抗溃疡作用 [J]. 中国药科大学学报（1）：45-47.

颜一红，2011. 食用菌木霉种类鉴定及木霉，疣孢霉防治研究 [D]. 福建农林大学.

杨合同，2009. 木霉分类与鉴定 [M]. 北京：中国大地出版社.

杨武，罗深喜，夏志兰，等，2019. 一株黑木耳绿霉病病原真菌的分离鉴定及其杀菌剂的筛选 [J]. 中国食用菌，38（9）：66-71.

杨新美，1988. 中国食用菌栽培学 [M]. 北京：农业出版社，12-15.

姚方杰，张友民，陈影，等，2011. 我国黑木耳两种主栽模式浅析 [J]. 食药用菌，19（3）：38-39.

员瑗，2018. 中国野生黑木耳遗传多样性及全基因组信息分析 [D]. 北京林业大学.

张宝军，2020. 香菇生产中脉孢霉的发生规律与防控措施 [J]. 食用菌，42（2）：76-77，90.

张春兰，徐济责，柿岛真，等，2017. 双孢蘑菇疣孢霉病的发病过程及病原菌的核相研究 [J]. 微生物学报（3）：422-433.

张春雷，彭卫红，温文婷，2010. 一种银耳段木栽培杂菌的形态学鉴定与分子生物学分析 [J]. 菌物学报，29（1）：96-105.

张介驰，韩增华，张丕奇，等，2014. 发菌温度对黑木耳菌丝和子实体生长的影响 [J]. 食用菌学报，21（2）：36-40.

张鹏，2011. 木耳形态发育及木耳属次生菌丝和子实体的解剖学研究 [D]. 吉林农业大学.

张润光，刁小琴，关海宁，2010. 黑木耳营养保健功能及其产品开发 [J]. 保鲜与加工，10（1）：54-56.

张维瑞，2000. 新编食用菌病虫害防治技术 [M]. 北京：金盾出版社.

张有根，边银丙，2013. 不同杀菌剂对毛木耳菌丝体及油疤病病原菌的作用 [J]. 食用菌学报，20（002）：64-68.

赵放达，杨建国，2011. 核桃肉状菌对袋栽平菇的危害与防治 [J]. 食用菌（4）：51，68.

赵照林，骈跃斌，杨杰，等，2015. 双孢蘑菇疣孢霉病及防控研究与应用 [J]. 山西农业科学，43（8）：1058-1058.

周国华，于国萍，2005. 黑木耳多糖降血脂作用的研究 [J]. 现代食品科技（1）：46-48.

周慧萍，陈琼华，王淑如，1989. 黑木耳多糖和银耳多糖的抗衰老作用 [J]. 中国药科大学学报（5）：303-306.

周慧萍，殷霞，高红霞，等，1989. 银耳多糖和黑木耳多糖的抗肝炎和抗突变作用 [J]. 中国药科大学学报（1）：51-53.

朱富春，2017. 食用菌害螨发生特点与综合防治对策 [J]. 华中昆虫研究（13）：222-224.

朱富春，2018. 食用菌两种真菌病害的发生规律与综合防治 [J]. 食用菌，40（4）：59-60.

朱九军，姜连胜，王继志，2006. 南菇北移中存在的问题及对策探讨 [J]. 食用菌（S1）：14，22.

宗灿华，2007. 黑木耳多糖降血糖作用的研究 [J]. 中华实用中西医杂志，20（14）：1237-1239.

Baldrian P，Lindahl B，2011. Decomposition in forest ecosystems：after decades of research still novel findings [J]. Fungal Ecology，4（6）：359-361.

Gahukar R T，2014. Mushroom pest and disease management using plant-derived products in the tropics：a review [J]. International Journal of Vegetable Science，20（1）：78-88.

Grogan H M，2006. Fungicide control of mushroom cobweb disease caused by Cladobotryum strains with different benzimidazole resistance profiles [J]. Pest Management Science，62（2）：153-161.

Kim M K，Seuk S W，Lee Y H，et al，2014. Fungicide sensitivity and characterization of cobweb disease on a Pleurotus eryngii mushroom crop caused by Cladobotryum mycophilum [J]. The Plant Pathology Journal，30（1）：82.

Kim S W，Kim S，Lee H J，et al，2013. Isolation of Fungal Pathogens to an Edible Mushroom，*Pleurotus eryngii*，and Development of Specific ITS Primers [J]. Mycobiology，41（4）：252-255.

Kirk P M，Cannon P F，Minter D W，et al. Dictionary of the Fungi [M]. Commonwealth Mycological Institute，2008.

Liuqing Y，Ting Z，Hong W，et al，2011. Carboxymethylation of Polysaccharides From *Auricularia Auricula* and Their Antioxidant Activities in Vitro [J]. International Journal of Biological Macromolecules，49（5）：1124-1130.

Misaki A，Kakuta M，Sasaki T，et al，1981. Studies on interrelation of structure and antitumor effects of polysaccharides：Antitumor action of periodate-modified，branched (1→3)-β-d-glucan of auricularia auricula-judae，and other polysaccharides containing (1→3) -glycosidic linkages [J]. Carbohydrate Research，92（1）：115-129.

Montoya-Alvarez A F，Hayakawa H，Minamya Y，Fukuda T，2011. Phylogenetic relationships and review of the species of *Auricularia*（Fungi：Basidiomycetes）in Colombia [J]. Caldasia，33：55-66.

Park M S, Bae K S, Yu S H, 2004. Molecular and morphological analysis of *Trichoderma* isolates associated with green mold epidemic of Oyster mushroom in Korea [J]. Journal of Huazhong Agricultural, 23 (1): 157-164.

Peng X B, Qian L, Ou L N, et al, 2010. Gc-ms, Ft-ir Analysis of Black Fungus Polysaccharides and Its Inhibition Against Skin Aging in Mice [J]. International Journal of Biological Macromolecules, 47 (2): 304-307.

Reza A, Choi M J, Damte D, et al, 2011. Comparative Antitumor Activity of Different Solvent Fractions From an *Auricularia Auricula*-judae Ethanol Extract in P388d1 and Sarcoma 180 Cells [J]. Toxicological Research, 27 (2): 77-83.

Seon-joo Y, Myeong-ae Y, Yu-ryang P, et al, 2003. The Nontoxic Mushroom *Auricularia Auricula* Contains a Polysaccharide with Anticoagulant Activity Mediated By Antithrombin [J]. Thrombosis Research, 112 (3): 151-158.

Tamm H, Põldmaa K, 2013. Diversity, host associations, and phylogeography of temperate aurofusarin-producing Hypomyces/Cladobotryum, including causal agents of cobweb disease of cultivated mushrooms [J]. Fungal Biology, 117 (5): 348-367.

Wang G Z, Guo M P, Bian Y B, 2015. First report of Cladobotryum protrusum causing cobweb disease on the edible mushroom *Coprinus comatus* [J]. Plant Disease, 99 (2): 287-287.

Wang G Z, Ma C J, Zhou S S, et al, 2018. First report of cobweb disease of *Auricularia polytricha* (Mont.) Sacc. caused by *Cladobotryum cubitense* in Xuzhou, China [J]. Plant Disease, 102 (7): 1453-1453.

Wu F, Yuan Y, Malysheva V F, et al, 2014. Species clarification of the most important and cultivated *Auricularia* mushroom "Heimuer": evidence from morphological and molecular data [J]. Phytotaxa, 186 (5): 241-253.

Yu J, Sun R, Zhao Z, et al, 2014. *Auricularia Polytricha* Polysaccharides Induce Cell Cycle Arrest and Apoptosis in Human Lung Cancer A549 Cells [J]. International Journal of Biological Macromolecules, 68 (7): 67-71.

Zhang H, Wang Z Y, Zhang Z, et al, 2011. Purified *Auricularia Auricula* r-judae Polysaccharide (aapI-a) Prevents Oxidative Stress in an Ageing Mouse Model [J]. Carbohydrate Polymers, 84 (1): 638-648.

图书在版编目（CIP）数据

木耳病虫害及安全防治 / 党辉，张宝善，张海生编
著 . —北京：中国农业出版社，2022.11（2023.11 重印）
ISBN 978-7-109-30287-7

Ⅰ.①木… Ⅱ.①党… ②张… ③张… Ⅲ.①木耳—
病虫害防治 Ⅳ.①S435.673

中国版本图书馆 CIP 数据核字（2022）第 229879 号

中国农业出版社出版

地址：北京市朝阳区麦子店街 18 号楼
邮编：100125
责任编辑：吕　睿
版式设计：杜　然　责任校对：吴丽婷
印刷：北京通州皇家印刷厂
版次：2022 年 11 月第 1 版
印次：2023 年 11 月北京第 2 次印刷
发行：新华书店北京发行所
开本：700mm×1000mm　1/16
印张：5.75　插页：16
字数：110 千字
定价：45.00 元